高等职业教育系列教材

电工技术一体化教程

程智宾　杨蓉青　邱玉英　邓　华　等编著

李少刚　主审

机械工业出版社

本书围绕高职建筑智能化工程技术及相关专业人才培养目标，以及学生就业岗位群的职业要求，以高职专业教育"必需、够用"为度的原则，以保证基础、加强应用、体现先进、突出以能力为本位的职教特色为指导，入门简单、通俗易懂，知识点和技能点任务化，"教学做"一体化。

本书根据专业教学要求，采用项目式任务驱动法进行编排，把原来的实践课程任务结合在一起实施，无须再配实验或实训指导书，将学生的任务实施表和评价表填写在本书中，不易丢失。各项目所需套件、工具和仪器设备等均是各高职院校已经具备或容易解决的，体现通用性及可行性。

本书共设置 5 个项目：项目 1 为电工基本常识与操作；项目 2 为指针式万用表的装配与调试；项目 3 为室内电气线路的设计与安装；项目 4 为小型变压器的制作与测试；项目 5 为三相异步电动机的典型控制。通过各项目的实施，将电工基础知识内容转变为实际应用的任务，突出知识的实用性、综合性和先进性，使读者能迅速掌握电工基础知识和技能。

本书可作为高等职业院校电子类、电气类、通信类、机电类、建筑设备类等专业的教材，也可作为从事弱电工程、电气工程及电子产品开发基础知识和技能培训人员的学习参考书。

本书配有授课电子课件，需要的教师可登录 www.cmpedu.com 免费注册，审核通过后下载，或联系编辑索取（QQ：1239258369，电话：010-88379739）。

图书在版编目（CIP）数据

电工技术一体化教程 / 程智宾等编著. —北京：机械工业出版社，2016.6
（2021.8 重印）

高等职业教育系列教材

ISBN 978-7-111-53839-4

Ⅰ. ①电… Ⅱ. ①程… Ⅲ. ①电工技术—高等职业教育—教材

Ⅳ. ①TM

中国版本图书馆 CIP 数据核字（2016）第 111323 号

机械工业出版社（北京市百万庄大街 22 号　邮政编码 100037）
策划编辑：王　颖　　　责任编辑：王　颖
责任校对：张艳霞　　　责任印制：单爱军
北京虎彩文化传播有限公司印刷

2021 年 8 月第 1 版·第 5 次印刷
184mm×260mm·12.5 印张·300 千字
标准书号：ISBN 978-7-111-53839-4
定价：33.00 元

电话服务　　　　　　　　　　网络服务
客服电话：010-88361066　　　机 工 官 网：www.cmpbook.com
　　　　　010-88379833　　　机 工 官 博：weibo.com/cmp1952
　　　　　010-68326294　　　金 书 网：www.golden-book.com
封底无防伪标均为盗版　　　机工教育服务网：www.cmpedu.com

高等职业教育系列教材
电子类专业编委会成员名单

主　任　曹建林

副 主 任　（按姓氏笔画排序）

于宝明　王钧铭　任德齐　华永平　刘　松　孙　萍
孙学耕　杨元挺　杨欣斌　吴元凯　吴雪纯　张中洲
张福强　俞　宁　郭　勇　曹　毅　梁永生　董维佳
蒋蒙安　程远东

委　员　（按姓氏笔画排序）

丁慧洁　王卫兵　王树忠　王新新　牛百齐　吉雪峰
朱小祥　庄海军　关景新　孙　刚　李菊芳　李朝林
李福军　杨打生　杨国华　肖晓琳　何丽梅　余　华
汪赵强　张静之　陈　良　陈子聪　陈东群　陈必群
陈晓文　邵　瑛　季顺宁　郑志勇　赵航涛　赵新宽
胡　钢　胡克满　闫立新　姚建永　聂开俊　贾正松
夏玉果　夏西泉　高　波　高　健　郭　兵　郭雄艺
陶亚雄　黄永定　黄瑞梅　章大钧　商红桃　彭　勇
董春利　程智宾　曾晓宏　詹新生　廉亚因　蔡建军
谭克清　戴红霞　魏　巍　瞿文影

秘 书 长　胡毓坚

出版说明

《国家职业教育改革实施方案》（又称"职教20条"）指出：到2022年，职业院校教学条件基本达标，一大批普通本科高等学校向应用型转变，建设50所高水平高等职业学校和150个骨干专业（群）；建成覆盖大部分行业领域、具有国际先进水平的中国职业教育标准体系；从2019年开始，在职业院校、应用型本科高校启动"学历证书+若干职业技能等级证书"制度试点（即1+X证书制度试点）工作。在此背景下，机械工业出版社组织国内80余所职业院校（其中大部分院校入选"双高"计划）的院校领导和骨干教师展开专业和课程建设研讨，以适应新时代职业教育发展要求和教学需求为目标，规划并出版了"高等职业教育系列教材"丛书。

该系列教材以岗位需求为导向，涵盖计算机、电子、自动化和机电等专业，由院校和企业合作开发，多由具有丰富教学经验和实践经验的"双师型"教师编写，并邀请专家审定大纲和审读书稿，致力于打造充分适应新时代职业教育教学模式、满足职业院校教学改革和专业建设需求、体现工学结合特点的精品化教材。

归纳起来，本系列教材具有以下特点：

1）充分体现规划性和系统性。系列教材由机械工业出版社发起，定期组织相关领域专家、院校领导、骨干教师和企业代表开展编委会年会和专业研讨会，在研究专业和课程建设的基础上，规划教材选题，审定教材大纲，组织人员编写，并经专家审核后出版。整个教材开发过程以质量为先，严谨高效，为建立高质量、高水平的专业教材体系奠定了基础。

2）工学结合，围绕学生职业技能设计教材内容和编写形式。基础课程教材在保持扎实理论基础的同时，增加实训、习题、知识拓展以及立体化配套资源；专业课程教材突出理论和实践相统一，注重以企业真实生产项目、典型工作任务、案例等为载体组织教学单元，采用项目导向、任务驱动等编写模式，强调实践性。

3）教材内容科学先进，教材编排展现力强。系列教材紧随技术和经济的发展而更新，及时将新知识、新技术、新工艺和新案例等引入教材；同时注重吸收最新的教学理念，并积极支持新专业的教材建设。教材编排注重图、文、表并茂，生动活泼，形式新颖；名称、名词、术语等均符合国家有关技术质量标准和规范。

4）注重立体化资源建设。系列教材针对部分课程特点，力求通过随书二维码等形式，将教学视频、仿真动画、案例拓展、习题试卷及解答等教学资源融入到教材中，使学生学习课上课下相结合，为高素质技能型人才的培养提供更多的教学手段。

由于我国高等职业教育改革和发展的速度很快，加之我们的水平和经验有限，因此在教材的编写和出版过程中难免出现疏漏。恳请使用本系列教材的师生及时向我们反馈相关信息，以利于我们今后不断提高教材的出版质量，为广大师生提供更多、更适用的教材。

机械工业出版社

前　言

电工技术是高等职业院校工程技术类一门重要的专业基础课，其任务是使学生具备高素质技能型人才所必需的基本素质、基本知识和基本技能，为学生学习后续课程、适应职业岗位要求打下坚实的基础。

近年来，学生学习理论知识的兴趣和水平有所下降，原来"电路基础或电路与分析"课程中过多的理论分析与计算已经不再适合职业院校的教学，很多学生的学习积极性在第一学期就被电路基础的"难""枯燥""缺乏实用性"所打击，渐渐失去了后面专业课程学习的兴趣和积极性，所以课程教学改革势在必行。通过几年的教学实践和总结，采用理实一体化教学模式，将基础理论知识转变成由实际应用的项目任务来驱动，学生由被动学习转变为主动学习，考核评价伴随整个教学过程，而不是由一次期末考试来决定，使得学生在平时就能够积极主动勤奋起来，这种举措取得显著效果，学生不再被"难"倒，树立了信心；教师与学生的交流更加频繁和顺畅，为培养技术能手奠定了基础。

本书根据专业教学要求，采用项目式任务驱动法编排内容，把原来的实践课程任务结合在一起实施，无须再配实验或实训指导书，将学生的任务实施表和评价表填写在书中，不易丢失。各项目所需套件、工具和仪器设备等均是各学校已经具备或容易解决的，体现通用性和可行性。全书共设置5个项目：项目1为电工基本常识与操作，要求掌握电工工具、仪表及安全用电的相关知识和技能；项目2为指针式万用表的装配与调试，要求掌握直流电路的概念、分析方法及电子产品的装配与调试方法；项目3为室内电气线路的设计与安装，要求掌握正弦电路的概念、分析方法、室内电气线路方案设计及安装方法等；项目4为小型变压器的制作与测试，要求掌握磁路的概念、小型变压器的设计及制作方法等；项目5为三相异步电动机的典型控制，要求掌握三相交流电路的概念和分析方法、三相电动机典型控制电路的器件识别、安装与检测方法等。全书通过各项目的实施，将基础知识内容转变为实际应用的任务，突出知识的实用性、综合性和先进性，使读者能迅速掌握电工基础知识和技能。

本书教学时数建议为80～96学时。

本书由福建信息职业技术学院程智宾、杨蓉青，福建船政交通职业学院邱玉英和福州职业技术学院邓华等编著。在教材编写过程中，福建信息职业技术学院胡小萍、陈世伟、陈婷、林晟以及福建船政交通职业学院的游德智在文字录入、绘图、校对等方面做了大量工作并提出宝贵意见。全书由福州大学电气工程与自动化学院的李少刚教授审阅。在此谨向所有对本书的编写、审阅、出版给予支持和帮助的同志表示诚挚的感谢。

由于编者水平有限及时间仓促，书中错误和不妥之处在所难免，恳请业内专家和广大读者批评指正。

编　者

目　　录

项目1 电工基本常识与操作

知识目标

◆ 熟悉安全用电常识。

◆ 了解触电、电气火灾等常见电气意外和触电的急救。

◆ 熟悉电工常用工具的使用方法。

◆ 熟悉导电材料、绝缘材料等常用电工材料的性能和用途。

◆ 熟悉导线的剥线和导线绝缘层恢复方法。

◆ 熟悉电工常用仪器仪表的使用方法。

能力目标

◆ 会正确处理触电、电气火灾等常见电气意外。

◆ 会使用常用电工工具。

◆ 会识别导电材料、绝缘材料等常用电工材料，初步掌握材料的选用。

◆ 会正确剖削导线绝缘层、连接导线和恢复导线绝缘层。

◆ 会正确使用万用表、绝缘电阻表、接地电阻测试仪等仪器仪表。

1.1 任务1 安全知识及触电急救

你知道电工安全技术操作规程吗？如果出现电气意外应该如何处理？让我们一起来学习吧!

1.1.1 电工安全技术操作规程

安全文明生产是每个从业人员不可忽视的重要内容，违反安全操作规程，就会造成人身事故和设备事故，不仅给国家和企业造成经济损失，而且也直接关系到个人的生命安全。

1. 工作前的检查和准备工作

1）必须穿好工作服（严禁穿裙子、短裤和拖鞋），女同志应戴工作帽，长发必须罩入工作帽内，腕部和颈部不允许佩戴金属饰品。

2）在安装或维修电气设备时，要清扫工作场地或工作台面，防止灰尘等杂物侵入电气设备内造成故障。

2. 文明操作和安全技术

1）工作时要精力集中，不允许做与本职工作无关的事情，还必须检查仪表和测量工具是否完好。

2）在断开电源开关检修电气设备时，应悬挂电气安全标志。如"有人工作，严禁合闸"等。

3）拆卸和装配电气设备时，操作要平稳，用力应均匀，不要强拉硬敲，防止损坏电器设备。电动机通电试验前，应先检查绝缘是否良好、机壳是否接地。试运转时，应注意观察转向，听声音，测温度，工作人员要避开联轴旋转方向，非操作人员不允许靠近电动机和试验设备，以防止高压触电。

常用安全标志如表1-1所示，在操作过程中一定要注意。

表1-1 常用安全标志

类别	图形标志	名称	图形标志	名称	图形标志	名称
禁止标志：颜色为白底、红圈、黑图案，图案压杠，形状为圆形		禁止吸烟		禁止烟火		禁止合闸
		禁止触摸		禁止跨越		禁止起动
警告标志：颜色为黄底、黑边、黑图案，形状为等边三角形，顶角向上		注意安全		当心火灾		当心触电
		当心电缆		当心机械伤人		必须戴安全帽
		必须戴防护帽		必须戴防护手套		必须穿防护鞋

3. 下班前的结束工作

1）要断开电源总开关，防止电气设备起火造成事故。

2）修理后的电气设备应放在干燥、干净的工作场地，并摆放整齐。做好修理电气设备后的事故记录，积累维修经验。

1.1.2 电气火灾消防知识

1. 电气火灾的主要原因

电气火灾是指由电气原因引发燃烧而造成的灾害。短路、过载及漏电等电气事故都有可能导致火灾。设备自身缺陷、施工安装不当、电气接触不良、雷击静电引起的高温、电弧和电火花等是导致电气火灾的直接原因。周围存放易燃易爆物是电气火灾的环境条件。

2. 电气火灾的防护措施

电气火灾的防护措施主要致力于消除隐患、提高用电安全，具体措施如下：

1）正确选用保护装置。

2）正确安装电气设备。

3）保持电气设备的正常运行。

3. 电气火灾的扑救

电气火灾有两个特点：一是着火后电气设备可能是带电的，如不注意可能引起触电事故；二是电气设备怕潮湿，灭电气火灾用的器材品种有严格规定，如不注意也可能发生触电事故或人为地扩大损失。

为避免在救火时发生触电事故和产生跨步电压，应立即切断火灾现场的电源，并及时拨打 119 火警电话报警。

灭火安全要求：

1）火灾发生后，开关设备的绝缘能力降低，拉闸时最好用绝缘工具操作。

2）无法拉闸切断电源时，可逐相剪断电线。剪断空中电线时，剪断位置应在电源方向的支持物附近，以防带电电线落地造成接地短路事故或触电事故。

3）不可使用水或泡沫灭火器去灭带电设备上的火，否则会触电。

4）灭带电设备的火，要使用二氧化碳灭火器和 1211 灭火器，使用二氧化碳灭火时，当其浓度达 85%时，人就会感到呼吸困难，要注意防止窒息。

5）对架空线路及设备灭火时，人身位置要与被灭火物体之间有一定距离（10kV 电源不得小于 0.7m，35kV 电源不得小于 1m），以防电线等断落伤人。

6）灭火时不要随便与电线及设备接触。特别要注意地面上的电线。

1.1.3 触电急救

1. 触电类型

（1）两相触电

两相触电（见图 1-1）是人体接触两根异相的导线，电流通过人体构成回路。两相触电由于电压高，流过人体的电流较大，死亡率较高。50Hz、20mA 的电流就会使人手麻痹，更大的电流会致命。

（2）单相触电

单相触电（见图 1-2）是人体一部分接触相线（火线），电流通过接触部分的人身和脚到地面，构成单相回路。如果穿的是不绝缘的鞋，地面又较湿，这种触电是很危险的；如果穿的是绝缘鞋，地面又干燥，可减少危险性。

图 1-1　两相触电

图 1-2　单相触电

单相触电的另一种情形是人体分别接触相线和中性线（见图 1-3），电流通过人身构成回路。由于电压高，通过人体的电流较大，这种触电也会致命。

图 1-4 所示为单相触电的第 3 种情形，电流通过两个接触部分间的人身构成回路，电流也是很大的，也会致命。

图 1-3　单相触电的另种情形

图 1-4　单相触电的第三种情形

（3）跨步电压触电

图 1-5 所示为输电线路断线落地，致使接地导线与大地构成电流回路。以接地点为圆心画许多同心圆，则在不同的同心圆的圆周上，电位是不同的。人的两脚站在不同的同心圆处，会形成电位差，即跨步电压。步伐越大，跨步电压越大。此时电流会使人体下身麻痹。如人倒地，则电流会流过人身重要器官，也会发生人身触电死亡事故。

图 1-5　跨步电压触电

2. 触电急救方法

（1）低压触电时脱离电源的方法

1）如图 1-6 所示，电源开关和插头就在现场附近，则应迅速断开开关和拔下插头，使触电者迅速脱离电源。普通拉线开关和平开关，都是单极开关，按规定应接在相线上。但有时错接在零线上，这时断开开关并不能使触电者摆脱电源，应使用带绝缘套的钢丝钳切断相线。

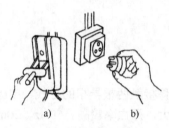

图 1-6　电源开关与插头

a) 断开开关　b) 拔掉插头

2）当电线搭落在触电者身上或被压在身下时，可用干燥的衣服、手套、绳索或木棒等绝缘物做工具，拉开触电者或挑开电线，使触电者脱离电源，如图 1-7 所示。

3）如果触电者衣服是干燥的，又没有紧缠在身上，可用一只手抓住他的衣服（见图 1-8），使其脱离电源。

图 1-7　拨开触电人身上的电线

图 1-8　用一只手拉住触电者干燥的衣服

4）如附近找不到电源开关或电源插头，应使用带绝缘套的钢丝钳或用干燥木柄的斧头等切断电源线，断开电源。

（2）对触电者的现场检查

触电者一经脱离电源，应马上移至通风干燥的地方，使其仰卧，将上衣和裤带解开，实施现场检查并及时拨打"120"急救电话。

1）如触电者伤势不重，神志清醒，只有些心慌、四肢发麻、全身无力，或者触电者曾一度昏迷，但已清醒过来，应使他安静休息，不要走动，严密观察并请医生前来诊治或送医院。

2）对触电重者的检查如图1-9所示，首先检查双目瞳孔是否正常或放大（见图1-9a），呼吸是否停止，心脏是否跳动等（见图1-9b、c）。根据检查结果，应马上实施现场急救，分秒必争。触电后1min开始抢救，救治良好率为90%；触电后6min开始抢救，救治良好率为10%；触电后12min开始抢救，救治良好率趋近于0。

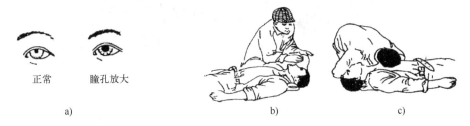

正常　　　瞳孔放大

a)　　　　　　　　　　b)　　　　　　　　　　c)

图1-9　对触电重者的检查

（3）对触电者的现场急救

触电的现场急救方法有口对口人工呼吸抢救法和人工胸外挤压抢救法。

1）口对口人工呼吸抢救法。若触电者呼吸停止，但心脏还有跳动，应立即采用口对口人工呼吸抢救法，口对口人工呼吸抢救法如图1-10所示。

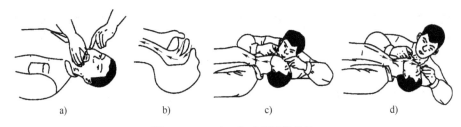

a)　　　　　　　　b)　　　　　　　　c)　　　　　　　　d)

图1-10　口对口人工呼吸抢救法

a) 清除口腔杂物　b) 舌根抬起气通道　c) 深呼吸后紧贴嘴吹气　d) 放松换气

2）胸外挤压抢救法。若触电者虽有呼吸但心脏停止，应立即采用人工胸外挤压抢救法，人工胸外挤压抢救法如图1-11所示。

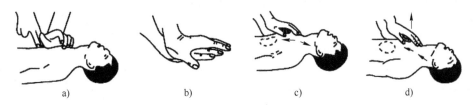

a)　　　　　　　　b)　　　　　　　　c)　　　　　　　　d)

图1-11　人工胸外挤压抢救法

a) 找准位置　b) 挤压姿势　c) 向下挤压　d) 迅速放松

5

若触电者受伤害严重，呼吸和心跳都停止，或瞳孔开始放大，应同时采用"口对口人工呼吸"和"人工胸外挤压"两种方法抢救，呼吸和心跳都停止的抢救方法如图 1-12 所示。

a)　　　　　　　　　　　b)

图 1-12　呼吸和心跳都停止的抢救方法

a) 单人操作　b) 双人操作

1.1.4　安全用电及急救任务实施

1. 任务目标

了解触电、电气火灾等常见电气意外知识，熟悉安全用电常识，出现电气意外事故会及时处理。

2. 学生工作页

课题序号		日　期			地　点	
课题名称		安全知识及触电急救			课　时	1

1. 工作内容

模拟低压触电时脱离电源的方法练习；人工呼吸法和心脏挤压法的急救练习。

2. 材料及量具

模拟橡皮人 1 具，秒表 1 块。

3. 训练步骤

1）在教室的电源开关及插头附近，模拟低压触电的类型，并提问如何脱离触电的方法。

2）选择急救方法。根据触电者有呼吸而心脏停搏，应选择胸外心脏挤压法。

3）实施救护。把触电者放在结实坚硬的地板或木板上，使触电者伸直仰卧，救护者两腿跪跨于触电者胸部两侧，先找到正确的挤压点，然后两手叠压，迅速开始施救。

4. 课后体会

_____

_____

_____

_____

_____

_____

3. 工作任务评价表

组别_____ 姓名_____ 学号_____

工 作 行 为				
		内容及标准	分值	得分
文明生产		安全：人身安全、操作安全、仪器工具损坏	10	
		岗位：不离岗、不串岗、保持岗位整洁性、遵守场室制度	10	
		规程：按任务步骤操作、文明操作、文明检修	5	
		材料：工完料清、不浪费材料	10	
工作态度		主动性：积极做好预习工作，积极完成任务，敢于提出问题	10	
		独立性：个人任务，独立完成，不模仿抄袭他人作品	10	
		协作性：小组项目时，共同完成任务，不蒙混过关	10	
		创造性：有创造性学习行为，一次加5分		
个人5S（整理、整顿、清洁、清扫、素养）		工作台面整洁不放无关物品	5	
		地面2m²内清洁，无垃圾	5	
		工具仪器摆放规范无灰尘	5	
		下课结束，凳子要摆放在工作台上面	5	
		上课中，关闭通信工具，发现违规一次扣5分		
工作记录		完整性：工作记录填写完整，缺一项扣5分	15	
		整洁性：不乱写、乱画与任务无关的文字符号，出现一处扣1分		
		雷同性：不抄袭，抄袭一次扣10分		
		按时性：按时交任务记录，迟交一次扣2分		
总分100分，合计得分：				

工 作 质 量					
序号	考核项目	评 分 标 准	配分	扣分	得分
1	低压触电类型及脱离方法	1）触电类型说明及演示错1项扣5分 2）脱离方法及演示错1项扣5分	40		
2	急救方法的选用	选用急救方法不正确每项扣4分	30		
3	急救方法使用	1）急救方法不熟练每次扣2分 2）急救方法不正确每次扣4分	30		
	备注	合计	100		
总分100分，合计得分					

汇 总 得 分			
	工作行为100分（50%）	工作质量100分（50%）	总得分100分
组长评分			
教师评分			

说明：① 工作行为部分主要由小组长评定，实行百分制，教师有权特别处理。
　　　② 工作质量部分主要由教师抽查评定，实行百分制，其他组员成绩与抽查同学得分相同。
　　　③ 教师具有否定权，最后总得分以教师评分为准。

1.2 任务 2 常用电工工具和材料使用

你知道常用的电工工具和材料有哪些吗？如何使用？让我们一起来学习吧！

1.2.1 常用电工工具及使用方法

电工常用工具是指一般专业电工都要使用的常备工具。常用的工具有验电器、螺钉旋具、钢丝钳、尖嘴钳、断线钳、剥线钳、电工刀、活扳手等。作为一名维修电工，必须掌握电工常用工具的使用方法。

1. 验电器

低压验电器（验电笔）是电工常用的一种辅助安全用具。用于检查 500V 以下导体或各种用电设备的外壳是否带电。

低压验电器有氖管式和数字式两种，如图 1-13 所示。

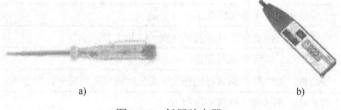

图 1-13 低压验电器

a) 氖管式 b) 数字式

氖管式又分钢笔式（见图 1-14a）和旋具式（见图 1-14b）两种。它们的内部结构相同，主要由电阻、氖管和弹簧组成。

图 1-14 氖管低压验电器

a) 钢笔式低压验电器 b) 旋具式低压验电器

（1）氖管式验电器的工作原理

在用验电笔判断照明电路中哪根线是相线，哪根是零线时，应使验电笔的金属笔尖与电路中的一根线接触，手握笔尾的金属体部分。如果这时验电笔中的氖管发光了，金属笔尖所接触的那根线就是相线，另一根则为零线。工作时，相线—验电笔—人体—地—零线所构成的回路如图 1-15 所示。在回路中，验电笔内电阻 R_1 约 2MΩ，人体电阻 R_2 在 800～104Ω范围内，脚底的绝缘物或地面上的绝缘物电阻为 R_3，它的阻值相当大。C 为人体与地之间所形成的电容，因为相线与零线间加的是 220V 交流电压，电容支路上交流电所受阻碍作用很小，电流经过电容 *C* 就直接回到零线，而过人体 R_2 的电流很微小，人无触电危险，验电笔氖管也能正常发光。如果在使用验电笔时，手接触的不是笔尾的金属体部分而是绝缘的笔套，那就等于在图 1-15 中笔尾部的金属体与并联支路之间串接了一个相当大的电阻，通过电容 *C* 的交流电流也微乎其微，氖管也就不能发光了，这是错误使用验电笔造成的。 一般情况下，低压验电笔的检测电压范围为 60～500V。

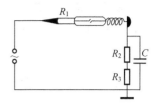

图 1-15　验电笔的工作原理

（2）氖管式验电器的使用方法

氖管式验电器的握笔方法如图 1-16 所示。只要带电体与地之间至少有 60V 的电压，验电笔的氖管就会发光。

注意：使用低压验电笔之前，必须在已确认的带电体上检测，在未确认验电笔正常之前，不得使用。

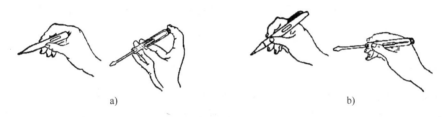

图 1-16　氖管式验电器握笔方法

a) 正确握笔　b) 不正确握笔

（3）低压验电器的作用

低压验电器的作用主要是用于验证有无电压、相线（火线）与零线，进一步可以应用于区别直流电和交流电等，如表 1-2 所示。

表 1-2　低压验电器的作用

作　　用	要　　点
区别电压高低	测试时可根据氖管发光的强弱来判断电压的高低
区别相线与零线	在交流电路中，当验电器笔尖触及导线时，氖管发光的即为相线，正常情况下，触及零线是不发光的
区别直流电与交流电	交流电通过验电器时，氖管里的两极同时发光；直流电通过验电器时，氖管里两个极中只有一个极发光
区别直流电的正、负极	把验电器连接在直流电的正、负极之间，氖管中发光的一极即为直流电的负极

（4）高压验电器

高压验电器又称为高压测电器，10kV 高压验电器由金属钩、氖管、氖管窗、固紧螺钉护环和握柄组成。使用前，应在已知带电体上测试，证明验电器确实良好方可使用。使用时，应使高压验电器逐渐靠近被测物体，直到氖管发亮；只有在氖管不发亮时，人体才可以与被测物体试接触。

2. 螺钉旋具

螺钉旋具的试样、规格很多。按头部形状不同可分为一字形和十字形旋具两种（见图 1-17a、b）。按握柄材料分有木柄的（见图 1-17a、b）和塑料柄的（见图 1-17c）。

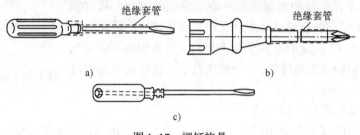

图 1-17 螺钉旋具

a) 一字形螺钉旋具　b) 十字形螺钉旋具　c) 穿心金属杆螺钉旋具（电工禁用）

（1）螺钉旋具的规格

一字形螺钉旋具常用的规格有 50mm、100mm、150mm 和 200mm 等规格，电工必备的是 50mm 和 150mm 两种。十字形螺钉旋具专供紧固或拆卸十字槽的螺钉，常用的规格有四种，适用于螺钉直径：Ⅰ号为2～2.5mm，Ⅱ号为3～5mm，Ⅲ号为6～8mm，Ⅳ号为10～12mm。

（2）螺钉旋具的使用方法

图 1-18 所示为螺钉旋具的使用方法。图 1-18a 所示为大螺钉旋具的使用方法，一般是用来旋紧或旋松大螺钉。使用时，除大拇指、食指和中指要夹住握柄外，手掌还要顶住柄的末端，这样就可以防止螺钉旋具转动时滑脱。图 1-18b 所示为小螺钉旋具的使用手形，小螺钉旋具一般用来紧固电气装置接线柱头上的小螺钉，使用时，可用手指顶住木柄的末端捻转。

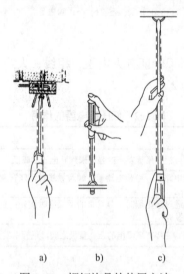

a)　　b)　　c)

图 1-18 螺钉旋具的使用方法

a) 大螺钉旋具的用法　b) 小螺钉旋具的用法　c) 较长细螺钉旋具的用法

（3）螺钉旋具的使用注意事项

1）电工不可使用金属杆直通的螺钉旋具，否则容易造成触电事故。

2）使用螺钉旋具紧固和拆卸带电的螺钉时，手不得触及旋具的金属杆，以免发生触电事故。

3）为了避免螺钉旋具的金属杆触及临近带电体，应在金属杆上套上绝缘套管。

4）使用较长的螺钉旋具时，可用右手压紧并旋转手柄，左手握住螺钉旋具中间部分，以使螺钉旋具刀口不致滑脱。此时，左手不得放在螺钉的周围，以免旋具刀口滑出时将手划伤。

3. 钢丝钳

钢丝钳（如图 1-19 所示）是钳夹和剪切工具。主要由钳头和钳柄构成。钢丝钳常用的规格有 150mm、175mm、200mm 3 种。电工所用的钢丝钳，在钳柄上应套有耐压为 500V 以上的绝缘套管。

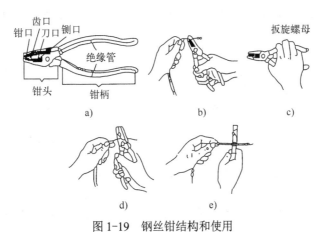

图 1-19 钢丝钳结构和使用

a) 构造 b) 弯绞导线 c) 紧固螺母 d) 剪切导线 e) 铡切钢丝

钳口用来弯绞或钳夹导线；齿口用来紧固或旋松螺母；刀口用来剪切导线或剖切软导线绝缘层；铡口用来铡切导线线芯和钢丝、铁丝等硬金属。钢丝钳的结构和使用如图 1-19 所示。

使用前，必须检查绝缘柄的绝缘是否良好。剪切带电导线时，不得用刀口同时剪切相线和零线，或同时剪切两根导线。钳头不可代替锤子作为敲打工具使用。芯线截面为 $4mm^2$ 及以下的塑料硬线绝缘层的剥削，一般用钢丝钳进行剥削。剥削方法如下：

1）用左手捏住电线，根据线头所需长短用钢丝钳口切割绝缘但不可切入芯线。

2）然后用右手握住钢丝钳头部用力向外勒去塑料绝缘层，如图 1-20 所示。

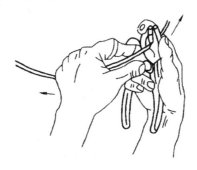

图 1-20 钢丝钳剥削塑料硬线绝缘层

3）剥削出的芯线应保持完整无损，如损伤较大，应重新剥削。

4. 尖嘴钳

尖嘴钳的头部尖细，适用于在狭小的工作空间操作。尖嘴钳也有铁柄和绝缘柄两种，绝缘柄的耐压为 500V，其外形如图 1-21 所示。

尖嘴钳的用途：

1）带有刃口的尖嘴钳能剪断细小金属丝。

2）尖嘴钳能夹持较小螺钉、垫圈、导线等物品。

3）在装接控制电路板时，尖嘴钳能将单股导线弯成一定圆弧的接线鼻子。

5. 断线钳

断线钳又称斜口钳，钳柄有铁柄、管柄和绝缘柄 3 种型式，其中电工用的绝缘柄断线钳的外形如图 1-22 所示，其耐压为 1000V。

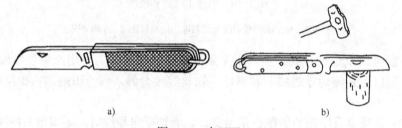

图 1-21　尖嘴钳　　　　　　　　　　　　图 1-22　断线钳

断线钳是专供剪断较粗的金属丝、线材及电线电缆等用。

6. 电工刀

电工刀是用来剥削或切割电工器材的常用工具，图 1-23a 所示为其外形。

a)　　　　　　　　　　　　　　　　b)

图 1-23　电工刀

电工刀的使用：禁止切削带电的绝缘导线。禁止用手锤敲击（见图 1-23b）。在切削导线时，刀口一定朝向人身外侧。用电工刀剥去塑料导线外皮，步骤如下：

1）用电工刀以 45°倾斜切入塑料层并向线端推削，见图 1-24a、b。

2）削去一部分塑料层，并将另一部分塑料层翻下，将翻下的塑料层切去，至此塑料层全部削掉并露出芯线，见图 1-24c、d。

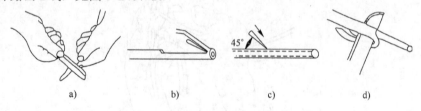

a)　　　　　　　　b)　　　　　　　45°　c)　　　　　　　d)

图 1-24　塑料线头的刨削

电工刀也可用来削制木榫。

7. 剥线钳

剥线钳是用于剥削小直径导线头绝缘层的专用工具，一般在控制柜配线时用得最多。剥线钳由钳头和手柄两部分组成，图 1-25 所示是其中一种类型。钳头部分由压线口和切口构成，分有直径 0.5～3mm 的多个切口，以适用于不同规格的线芯。使用时，电线必须放在大于其线芯直径的切口上切剥，否则要切伤线芯。

剥线钳使用方法如图 1-26 所示，将要剥削的导线绝缘层长度定好，右手握住钳柄，用左手将导线放入相应的刃口槽中，右手将钳柄向内一握，导线的绝缘层即被割破拉开，自动弹出。

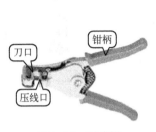

图 1-25　剥线钳

图 1-26　剥线钳的用法

8. 活扳手

活扳手由头部和柄部组成（见图 1-27）。头部由呆扳唇、活扳唇、蜗轮和轴销等构成。旋动蜗轮以调节扳口大小。常用的规格有 150mm、200mm、250mm、300mm 等。按螺母大小选用适当规格。

活扳手的使用：扳拧较大螺母时，需用大力矩，手应握在尾处（见图 1-27b）；扳拧较小螺母时，需用力矩不大，但螺母过小容易打滑，应按照图 1-27c 所示方法握把，可随时调节蜗轮，收紧扳唇防止打滑。

活扳手不可反用，如图 1-27d 所示，即活扳唇不可作为重力点使用，也不可用钢管接长柄部来施加较大的扳拧力矩。

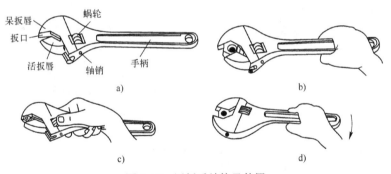

图 1-27　活扳手结构及使用

a) 活扳手构造　b) 扳较大螺母时握法　c) 扳较小螺母时握法　d) 错误握法

1.2.2　常用电工材料及其选用方法

1. 常用导电材料

能够通过电流的物体称为导电材料。铜和铝是目前最常用的导电材料。由于铜在导电性能等诸多方面优于铝，所以铜使用的数量大于铝。若按导电材料制成线材，称为导线或电线，按导线的结构和使用特点，导线可分为裸线、绝缘电线、电磁线和通信电缆线等。

（1）裸线

特点：裸线是只有导线部分，没有绝缘层和保护层，几种常用的裸线如图1-28所示。

图1-28　几种常见的裸线

（2）绝缘电线

特点：绝缘电线不仅有导线部分，而且还有绝缘层，绝缘层的主要作用是隔离带电体或不同电位的导体，使电流按指定的方向流动。几种常见的绝缘电线如图1-29所示。

图1-29　几种常见的绝缘电线

分类：依据用途和电线结构分类，主要有以下几种：固定敷设绝缘线、绝缘软电线、安装电线、户外用绝缘电线和农用绝缘塑料护套线。

（3）电磁线

电磁线是一种涂有绝缘漆或包缠纤维的导线，主要用于电动机、变压器、电器设备及电工仪表等作为绕组或线圈，如图1-30所示。

（4）通信电缆线

通信电缆线包括电信系统的各种电缆、电话线和广播线，如图1-31所示。

图 1-30 电磁线

图 1-31 通信电缆线

2. 常用绝缘材料

电阻率大于 109Ω/cm 的物质所构成的材料叫绝缘材料。

电工常用的绝缘材料可分为无机绝缘材料、有机绝缘材料和混合绝缘材料。常用的无机绝缘材料有：云母、石棉、大理石、瓷器、玻璃及硫黄等，主要用作电动机、电器的绕组绝缘、开关的底板和绝缘子等。有机绝缘材料有：虫胶、树脂、橡胶、棉纱、纸、麻及人造丝等，大多用以制造绝缘漆、绕组导线的被覆绝缘物等。混合绝缘材料为由以上两种材料经过加工制成的各种成型绝缘材料，用做电器的底座、外壳等。在电气线路或设备中常用的绝缘材料有：绝缘漆、绝缘胶、绝缘油及绝缘制品等。

3. 常用导磁材料

导磁材料按其特性不同，一般分为软磁材料和硬磁材料两大类。

（1）软磁材料

软磁材料一般指电工用纯铁、硅钢板等，主要用于变压器、扼流圈、继电器和电动机中作为铁心导磁体。电工用纯铁为 DT 系列。

（2）硬磁材料

硬磁材料的特点是在磁场作用下达到磁饱和状态后，即使去掉磁场还能较长时间地保持强而稳定的磁性。硬磁材料主要用来制造磁电式仪表的磁钢、永磁电动机的磁极铁心等。可分为各向同性系列、热处理各向异性系列、定向结晶各向异性系列等三大系列。

4. 常用绝缘导线的选择

（1）绝缘导线种类的选择

导线种类主要根据使用环境和使用条件来选择。

室内环境如果是潮湿的，如水泵房或有酸碱性腐蚀气体的厂房，应选用塑料绝缘导线，以提高抗腐蚀能力，保证绝缘。比较干燥的房屋，可选用橡皮绝缘导线，对于温度变化不大的室内，在日光不直接照射的地方，也可以采用塑料绝缘导线。

（2）导线颜色的选择。

敷设绝缘导线时应采用不同的颜色，以便进行布线和维护。一般分相线 L、零线 N 和保护零线 PE。

在三相供电电源的情况下，通常三相线分别用黄、绿、红三种色线，零线用浅蓝色的。

在二芯单相供电时，通常相线 L 用红色线，零线 N 用浅蓝色线。

在三芯单相供电时，通常相线 L 用红色线，零线 N 用浅蓝色线或白色线，保护零线 PE 用黄绿双色线或黑色线，在正常使用中，保护零线 PE 要单独进行接地，接地电阻应小于等于 4Ω。保护零线接地，绝不可以与避雷针的接地装置共用，两接地装置应分开，至少 3m 以上，越远越好。更不能将电源的零线与保护零线连接。在计算机网络地点中应当安装保护零线接地，以保护用户的安全。

（3）绝缘导线截面的选择

导线截面选择方法一般有以下三种：①按发热条件来选择导线截面。②按机械强度条件来选择导线截面。③按允许电压损失选择导线截面。最后取其中截面最大的一个作为最终选择导线的依据。

1.2.3 电工工具和材料任务实施

1. 任务目标

1）熟悉电工常用材料的种类和使用。

2）熟悉电工常用工具的种类。

3）掌握电工常用工具的使用技能。

2. 学生工作页

课题序号		日　期		地　点	
课题名称		常用电工材料和工具的使用		课　时	2

1．训练内容

1）用低压验电笔测试市电插座。

2）使用不同规格的螺钉旋具旋螺钉。

3）用钢丝钳钳夹和剪切导线。

4）用尖嘴钳剪断细小金属丝，夹持导线，并将单股导线弯成一定圆弧的接线鼻子。

5）断线钳剪断较粗的金属丝、线材及电线电缆。

6）按工艺要求用电工刀和剥线钳剥去塑料导线外皮。

2．材料及工具

验电器、钢丝钳、尖嘴钳、螺钉旋具、剥线钳、木板、木螺钉和废旧塑料单芯导线若干。

3．训练步骤

1）教师演示。

2）用螺钉旋具旋紧自攻螺钉。

3）用钢丝钳、尖嘴钳做剪切、弯、绞导线练习。

4）用电工刀对废旧塑料单芯、双芯硬线做剥削练习。

4．课后体会

3. 工作任务评价表

组别_____ 姓名_____ 学号_____

<table>
<tr><td colspan="7" align="center">工 作 质 量</td></tr>
<tr><td>序号</td><td>考核项目</td><td>评 分 标 准</td><td>配分</td><td>扣分</td><td>得分</td></tr>
<tr><td>1</td><td>验电器的使用</td><td>1）使用方法不正确扣 5 分
2）不文明作业扣 5 分</td><td>10</td><td></td><td></td></tr>
<tr><td>2</td><td>螺钉旋具练习</td><td>1）使用方法不正确扣 5 分
2）不文明作业扣 5 分</td><td>20</td><td></td><td></td></tr>
<tr><td>3</td><td>钢丝钳、尖嘴钳、斜口钳做剪切、弯、绞导线练习</td><td>1）使用方法不正确扣 10 分
2）导线有损伤，每处扣 3 分</td><td>40</td><td></td><td></td></tr>
<tr><td>4</td><td>电工刀对废旧塑料单芯硬线做剥削练习</td><td>1）使用方法不正确扣 10 分
2）损坏设备扣 10 分</td><td>20</td><td></td><td></td></tr>
<tr><td>5</td><td>安全文明操作</td><td>1）违反操作流程扣 5 分
2）工作场地不整洁扣 5 分</td><td>10</td><td></td><td></td></tr>
<tr><td colspan="2" align="center">备注</td><td align="center">合计</td><td>100</td><td></td><td></td></tr>
<tr><td colspan="6" align="center">汇 总 得 分</td></tr>
<tr><td></td><td colspan="2">工作行为100分（50%）</td><td colspan="2">工作质量100分（50%）</td><td>总得分100分</td></tr>
<tr><td>组长评分</td><td colspan="2"></td><td colspan="2"></td><td></td></tr>
<tr><td>教师评分</td><td colspan="2"></td><td colspan="2"></td><td></td></tr>
<tr><td colspan="6">说明：① 工作行为部分主要由小组长评定，实行百分制，教师有权特别处理。
② 工作质量部分主要由教师抽查评定，实行百分制，其他组员成绩与抽查同学得分相同。
③ 教师具有否定权，最后总得分以教师评分为准。</td></tr>
</table>

1.3 任务 3 常用电工仪器仪表的使用

布置任务

你会使用常用的电工仪器仪表吗？让我们一起来学习吧！

1.3.1 万用表的使用

万用表是一种多功能、多量程、多种电气量的便携式电测量仪表，其基本功能是测量电阻、电流和电压。万用表根据读出的方式又分为指针式万用表和数字式万用表，广泛应用于各个行业的电测量中，是电工维修人员及电子爱好者的必备仪表。

1. 指针式万用表的使用

图 1-32 为 MF47 型指针式万用表外观结构图，图 1-33 所示为其表盘刻度线，从上往下数共有 4 条刻度线。

从上往下，第 1 条刻度线上标有"Ω"符号，表明是测量电阻时的指示线，标有"0～∞"刻度；第 2 条刻度线标有"⎓"，表明测量交流和直流电压、电流时，从这条指示线上读数，即直流电流和交流电压读数的共用刻度线；第 3 条刻度线是测量"10V"交流电压的专用刻度线；第4条是音频电平"dB"刻度线，用来测量分贝用。

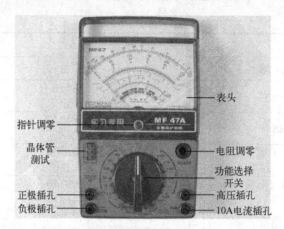

图 1-32　MF47 型指针式万用表外观结构图

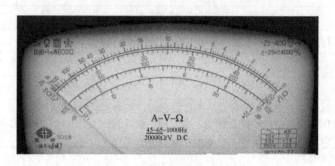

图 1-33　表盘刻度线

量程转换开关，可作 360°旋转。标有"Ω"字样的为电阻档，对应的量程通常有 $R\times$ 1Ω、$R\times$10Ω、$R\times$100Ω、$R\times$1kΩ、$R\times$10kΩ 档；当测量直流电压时，将转换开关拨至"V̱"；测量交流电压时，把转换开关拨至"V̱"电压档。

在转换开关的下端标有"－""＋"符号，分别为黑表笔、红表笔的插孔。

（1）使用方法

1）使用前，应按照表盘上"⊥""⊓"符号，垂直或水平放置万用表，检查指针是否指在零位置，否则应调整机械调零旋钮。

2）正确测量。

测量直流时，红色表笔接高电位，黑色表笔接低电位。测量电压时，万用表与被测电路并联。测量电流时，万用表与被测电路串联。

测量电阻时，需要使用表内电池做测试电源，应在测量前进行欧姆调零，即把两表笔短接，同时调节面板上的欧姆调零旋钮，使指针指在电阻标度尺的零刻度处。若调不到零，说明表内电池电压过低，应更换电池。注意：红色表笔与表内电池负极相接。

（2）注意事项

1）禁止用手接触表笔的金属部分，以保证人身安全和测量的准确度。

2）不允许带电旋转转换开关，特别是在测量高电压和电流时更应禁止，以防电弧烧毁

18

转换开关的触头。

3）万用表使用完毕后，应将转换开关转换到交流电压最高量程档，以防止下次测量时，不检查转换开关的位置就用万用表测量电压而损坏万用表。

4）万用表长期不用时，应将表内电池取出，以防止电池漏液腐蚀表内电路。

2. 数字万用表的使用

现在，数字式测量仪表已成为主流，有取代模拟式仪表的趋势。与模拟式仪表相比，数字式仪表灵敏度高、准确度高、显示清晰、过载能力强、便于携带、使用更简单。下面以VC97 型数字万用表为例，简单介绍其使用方法和注意事项，VC97 型数字万用表外观结构图如图 1-34 所示。

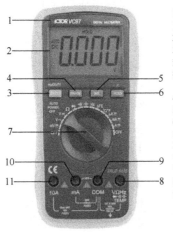

操作面牌说明

1.型号栏

2.LCD显示屏

3.SELECT/Hz/DUTY显键：选择DC和AC工作方式；测量交流电压（电流）时，按此功能，可切换频率/占/电（电流），测量频率时切换频率/占（1~99%）；

4.RANGE键：选择自动量程或手动量程工作方式；

5.REL：清零及相对值测量键；

6.HOLD键：按此功能，仪表当前所测数值保持在液晶显示器上，显示器出现"HOLD"符号，再按一次，退出保持状态；按此功能键2秒打开背光；

7.旋钮开光：用于改变测量功能及量程；

8.电压、电阻、频率插座；

9.公共地；

10.小于400mA电流测试插座；

11.10A电流测试插座。

图 1-34　VC97 型数字万用表外观结构图

（1）使用方法

1）使用前，应认真阅读有关的使用说明书，熟悉电源开关、量程开关、插孔及特殊插口的作用。

2）将电源开关置于 ON 位置。

3）交、直流电压的测量：根据需要将量程开关拨至 DCV（直流）或 ACV（交流）的合适量程，红表笔插入 V/Ω孔，黑表笔插入 COM 孔，并将表笔与被测线路并联，读数即显示。

4）交、直流电流的测量：将量程开关拨至 DCA（直流）或 ACA（交流）的合适量程，红表笔插入 mA 孔（<200mA 时）或 10A 孔（>200mA 时），黑表笔插入 COM 孔，并将万用表串联在被测电路中即可。测量直流量时，数字万用表能自动显示极性。

5）电阻的测量：将量程开关拨至Ω的合适量程，红表笔插入 V/Ω孔，黑表笔插入 COM 孔。如果被测电阻值超出所选择量程的最大值，万用表将显示"1"，这时应选择更高的量程。测量电阻时，红表笔为正极，黑表笔为负极，这与指针式万用表正好相反。因此，测量晶体管、电解电容器等有极性的元器件时，必须注意表笔的极性。

（2）注意事项

1）如果无法预先估计被测电压或电流的大小，则应先拨至最高量程档测量一次，再视情况逐渐把量程减小到合适位置。测量完毕，应将量程开关拨到最高电压档，关闭电源。

2）满量程时，仪表仅在最高位显示数字"1"，其他位均消失，这时应选择更高的量程。

3）测量电压时，应将数字万用表与被测电路并联。测电流时应与被测电路串联，测直流量时不必考虑正、负极性。

4）当误用交流电压档去测量直流电压，或者误用直流电压档去测量交流电压时，显示屏将显示"000"，或低位上的数字出现跳动。

5）禁止在测量高电压（220V 以上）或大电流（0.5A 以上）时换量程，以防止产生电弧，烧毁开关触点。

6）当显示"'""BATT"或"LOW BAT"时，表示电池电压低于工作电压。

1.3.2 绝缘电阻表的使用

在实际工作中常需要对电动机、电器和供电电路中绝缘材料性能的好坏作出判断，以保证设备的正常运行和人身安全。绝缘材料性能好坏的一个重要指标，就是其绝缘电阻的大小。正常的绝缘电阻值一般在兆欧级。一般情况下，绝缘电阻都是用绝缘电阻表。来测量，可以分为指针式绝缘电阻表和数字式绝缘电阻表。用途是测试电路或电气设备的绝缘状况。标度尺的单位是"兆欧"，用"MΩ"来表示。绝缘电阻表的型号比较多。其额定电压主要有500V、1000V、2500V。对于 500V 及以下的电路或电气设备，应使用 500V 或 1000V 的绝缘电阻表。对于 500V 以上的电路或电气设备，应使用 1000V 或 2500V 的绝缘电阻表。

1. 指针式绝缘电阻表的使用

指针式绝缘电阻表有 3 个接线柱 L、E 和 G，如图 1-35 所示。

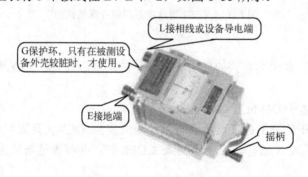

图 1-35 指针式绝缘电阻表

（1）使用方法

1）绝缘电阻表的开路校验。

测量前应对绝缘电阻表进行开路校检。绝缘电阻表"L"端与"E"端空载（开路）时由快到慢摇动绝缘电阻表 1min（约 120r/min），其指针应指向"∞"，表明开路试验正常。

2）绝缘电阻表的短路校验。

将绝缘电阻表"L"端与"E"端用接线夹相接，摇动手柄，指针应指在"0"位置，表明短路试验正常。

3）绝缘电阻的测量。

测量前必须将被测电路或电气设备的电源全部断开，即不允许带电测绝缘电阻。并且要查明电路或电气设备上无人工作后方可进行。

绝缘电阻表使用的表线必须是绝缘线，且不宜采用双股绞合绝缘线，其表线的端部应有绝缘护套；绝缘电阻表的线路端子"L"应接设备的被测相，接地端子"E"应接设备外壳及设备的非被测相，屏蔽端子"G"应接到保护环或电缆绝缘护层上，以减小绝缘表面泄漏电流对测量造成的误差。

（2）注意事项

1）测试前必须将被测线路或电气设备接地放电。

2）测试过程中，两手不得同时接触两线夹的导电部分。

3）测量完毕应先拆线，后停止摇动手柄，以免被测设备反充电，烧坏仪表。

2. 数字绝缘电阻表的使用

数字绝缘电阻表由中大规模集成电路组成，具有输出功率大，短路电流值高，输出电压等级多等特点。工作原理为由机内电池作为电源经 DC/DC 变换产生的直流高压由 E 极出经被测试品到达 L 极，从而产生一个从 E 到 L 极的电流，经过 I/V 变换经除法器完成运算直接将被测的绝缘电阻值由 LCD 显示出来。下面以 HN2671 型数字绝缘电阻表为例，简单介绍其使用方法和注意事项，数字绝缘电阻表结构图如图 1-36 所示。

（1）使用方法

1）测量时，开启电源开关"ON"，选择所需电压等级，轻按一下指示灯，亮代表所选电压档，轻按一下高压启停键，高压指示灯亮，LCD 显示的稳定数值即为被测的绝缘电阻值，关闭高压时只需再按一下高压键，关闭整机电源时按一下电源"OFF"。

2）启动高压后，机内定时器开始工作，1min 后仪表自动报警 5s，此时数值被锁定，便于计算吸收比。

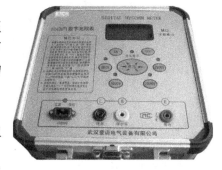

图 1-36　数字绝缘电阻表结构图

3）接线端子符号含义，测量绝缘电阻时，电路"L"与被测物同大地绝缘的导电部分相接，接地"E"与被测物体外壳或接地部分相接，屏蔽"G"与被测物体保护遮蔽部分相接或其他不参与测量的部分相接，以消除表泄漏所引起的误差。测量电气产品的元器件之间绝缘电阻时，可将"L"和"E"端接在任一组线头上进行。如测量发电机相间绝缘时，三组可轮流交换，空出的一相应安全接地。

（2）注意事项

1）存放保管仪表时，应注意环境温度和湿度，放在干燥通风的地方为宜，要防尘、防潮、防震、防酸碱及腐蚀气体。

2）被测物体为正常带电体时，必须先断开电源，然后测量，否则会危及人身设备安全！绝缘电阻表 E、L 端子之间开启高压后有较高的直流电压，在进行测量操作时人体各部分不可触及。

3）绝缘电阻表配有电池组。当机内电池组电压低于 7.2V 时，表头左上角显示欠压符号"←"。提示要及时更换电池组，仪表长期不用时，应取下电池组。

1.3.3 接地电阻测试仪

接地绝缘电阻表又叫接地电阻绝缘电阻表、接地电阻表、接地电阻测试仪。接地绝缘电阻表按供电方式分为传统的手摇式和电池驱动式；按显示方式分为指针式和数字式；按测量方式分为打地桩式和钳式。目前传统的手摇接地绝缘电阻表几乎无人使用，比较普及的是指针式或数字式接地绝缘电阻表，在电力系统以及电信系统比较普及的是钳式接地绝缘电阻表。

1. 指针式接地电阻测试仪的使用

绝缘电阻表的外形结构随型号的不同稍有变化，但使用方法基本相同。测量仪还随表附带接地探测棒两支，导线三根。指针式接地电阻测试仪及接线方法如图1-37所示。

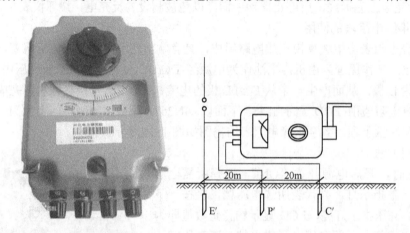

图1-37 指针式接地电阻测试仪及接线方法

材料：两根接地棒，一根40m接地线，一根20m接地线，一根5m的连接线,一个接地电阻绝缘电阻表。

使用方法如下：

1）拆开接地干线与接地体的连接点，或拆开接地干线上所有接地支线的连接点。

2）将两根接地棒插入地面400mm深，一根离接地体40m远，另一根离接地体20m远。

3）把绝缘电阻表置于接地体近旁平整的地方，然后进行接线。

① 用一根连接线连接表上接线桩E和接地装置的接地体E′。

② 用一根连接线连接表上接线桩C和离接地体40m远的的接地棒C′。

③ 用一根连接线连接表上接线桩P和离接地体20m远的接地棒P′。

4）根据被测接地体的接地电阻要求，调节好粗调旋钮（上有三档可调范围）。

5）以约120r/min的速度均匀地摇动绝缘电阻表。当表针偏转时，随即调节微调拨盘，直至表针居中为止。以微调拨盘调定后的读数乘以粗调定位倍数，即是被测接地体的接地电阻。例如微调读数为0.6，粗调的电阻定位倍数是10，则被测的接地电阻是6Ω。

6）为了保证所测接地电阻阻值可靠，应改变方位重新进行复测。取几次测得值的平均值作为接地体的接地电阻。

2. 数字式接地电阻测试仪的使用

工作原理为由机内DC/AC变换器将直流变为交流的低频恒流，经过辅助接地极C和被测物 E 组成回路，被测物上产生交流压降，经辅助接地极 P 送入交流放大器放大，再经过检波送入表头显示。借助倍率开关可得到三个不同的量限：0～2Ω、0～20Ω、0～200Ω。下面以 HN2571 型数字绝缘电阻表为例，简单介绍其使用方法和注意事项，数字式接地电阻测试仪的结构图如图 1-38 所示。

（1）使用方法

1）将被测接地 E（C2、P2）和电位探针 P1 及电流探针 C1 依直线彼此相距 20m，使电位探针处于 E、C 中间位置，按要求将探针插入大地。

2）用专用导线将端子 E（C2、P2）、P1、C1 与探针所在位置对应连接。

3）开启电源开关"ON"，选择合适档位轻按一下键，该档指示灯亮，表头 LCD 显示的数值即为被测得的接地电阻值。

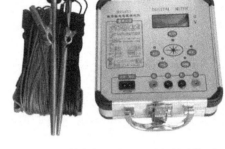

图 1-38　数字接地电阻测试仪的结构图

4）测量完毕按一下电源〈OFF〉键，仪表关机。

（2）注意事项

1）测量保护接地电阻时，一定要断开电气设备与电源连接点。在测量小于 1Ω 的接地电阻时，应分别用专用导线连在接地体上，C2 在外侧，P2 在内侧。

2）测量接地电阻时最好反复在不同的方向测量 3～4 次，取其平均值。

3）测量大型接地网接地电阻时，不能按一般接线方式测量，可参照电流表、电压表测量法中的规定选定埋插点。

4）若测试回路不通或超量程时，表头显示"1"，说明溢出，应检查测试回路是否连接好或是否超量程。

5）当电池电压低于 7.2V 时，表头显示欠电压符号"←"，表示电池电压不足，此时应插上电源线由交流供电或打开仪器后盖板更换电池。

6）存放保管表时，要注意环境温度和湿度，应放在干燥通风的地方，避免受潮，防止酸碱及腐蚀气体，不得雨淋、曝晒、跌落。

1.3.4　测量误差

测量中，无论是采用什么样的仪表、仪器和测量方法，测量结果与被测量的真实值（即实际值或简称真值）之间都会存在差异，这就是测量误差，测量误差可分为三类，即系统误差、偶然误差和疏忽误差。

1. 系统误差

系统误差的特点是测量结果总是向某一方向偏离，相对于真实值总是偏大或偏小，具有一定的规律性，产生的原因有以下几种。

（1）仪表误差

仪表在规定的正常工作条件下，由于仪表本身结构和制造工艺上的不完善所引起的误差，称为仪表的基本误差。例如仪表偏转轴的磨损、标尺刻度的不准等引起的误差。由于在非正常工作条件下使用而引起的误差，称为仪表的附加误差。例如外界电磁场的干扰所引起的误差。

仪表误差有两种表示方法:

1)绝对误差。

仪表的测量值 A_x 与真实值 A_0 之差,称为绝对误差,用 Δ 表示。

$$\Delta = A_x - A_0 \qquad (1-1)$$

绝对误差的单位与被测量的单位相同,绝对误差在数值上有正、负之分。

2)相对误差。

用绝对误差无法比较两次测量结果的准确性,要使两次测量能够进行比较必须采用相对误差。

绝对误差与被测量的真实值 A_0 之比,称为相对误差。用 r 表示,常写成百分数。

$$r = \frac{\Delta}{A_0} \times 100\% \qquad (1-2)$$

(2)理论误差或方法误差

理论误差或方法误差是指实验本身所依据的理论和公式的近似性,或者对实验条件及测量方法考虑不周到带来的系统误差。例如未考虑仪表内阻对被接入电路的影响而造成的系统误差。

(3)测量者个人因素造成的误差

例如测量者反应速度的快慢,分辨能力的高低,个人的固有习惯等,致使读数总是偏大或偏小。

2. 偶然误差

偶然误差是由于某种偶然因素所造成的,其特点是在相同的测量条件下,有时偏大,有时偏小,无规律性,例如温度、外界电磁场、电源频率的偶然变化,即使采用同一个仪表去多次测量同一个量,也会得到不同的结果。

3. 疏忽误差

疏忽误差是指测量结果出现明显的错误,是由于实验者的疏忽造成读错或记错等。

实验中的测量误差虽然是不可避免的,但可以采取某些措施来减少或消除它们,措施如下:

1)从仪表和仪器设备本身考虑。

① 对仪表要经常进行校正。

② 避免用大量程仪表测量小的被测量。

③ 考虑仪表接入线路,仪表内阻对测量值的影响。

④ 仪表和仪器的安置方法要正确。

⑤ 要注意仪器设备的额定值。

2)从测量电路和测量方法考虑。

① 选择合理的测量电路。

② 采用特殊的测量方法。

此外,对于偶然误差的消除,可以通过多次重复测量,求得测量结果的平均值来获得比较准确的结果,由于疏忽误差较明显,可将此测量结果舍弃。

1.3.5 电工仪器仪表任务实施

1. 任务目标

1）熟悉实验台上各类电源及测量仪表的布局和使用方法。

2）了解万用表的一般用途。

3）熟悉电工仪表测量误差的计算方法。

2. 学生工作页

课题序号		日　期		地　点	
课题名称		基本电工仪表的使用		任务课时	2

1. 工作内容

1）熟悉实验台上电工仪表的表盘标记和参数。

2）在实验中正确选择和使用仪表，掌握电工测量的方法。

3）了解万用表的一般用途。

4）了解测量误差产生的原因，熟悉电工仪表测量误差的计算方法。

2. 材料及量具

电工实验台、直流电压表、直流毫安表、万用表。

3. 训练步骤

1）由指导教师介绍电工实验台的结构与功能。

2）分别观察万用表、直流电压表、直流毫安表的表面标记与型号，并列表将它们记录下来，说明它们所代表的意义。

3）用万用表测定直流稳压电源的输出电压，调节稳压电源输出的电压值，使电压表指针分别偏转在1/3 量程以上和2/3 量程以上，各读取两个不同的电压值，填入表 1-3 中，同时将电压表选定的量程也记录下来。

表 1-3　万用表直流电压档的量程（　　）_____

	1/3 量程以上的读数		2/3 量程以上的读数	
测量次数	第 1 次	第 2 次	第 1 次	第 2 次
被测电压值				

4）调节直流稳压电源旋钮，使输出端分别获得 5.8V 和 28.2V 的电压，将调节步骤记录下来。

_____

5）应用电工实验台的直流稳压电源和 HE-11 电阻实验箱，根据图 1-39 电路图，用导线正确连接，用数字万用表直流电压档量测图中 R_2 上的电压 U_{R2} 的值，并计算测量的绝对误差与相对误差，填入表 1-4 中。

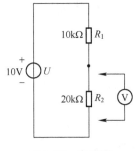

图 1-39　电路图

表 1-4 测量与计算数据

U/V	$R_1/k\Omega$	$R_2/k\Omega$	计算值 $U_{R2\text{计}}/V$	实测值 $U_{R2\text{测}}/V$	绝对误差 ΔU	相对误差
10	10	20				

4. 课后体会

_____

_____

_____

_____

3. 工作任务评价表

组别_____ 姓名_____ 学号_____

工 作 质 量					
序 号	考核项目	评 分 标 准	配分	扣分	得分
1	认识基本电工仪表	1）对电工台上各类电源及测量仪表的名称和功能描述错误每处扣 5 分 2）对万用表相关功能描述错误每处扣 5 分	30		
2	测量操作	1）调节电压源的输出电压操作错误每处扣 5 分 2）用万用表直流电压档测量电压源输出电压，操作错误每处扣 5 分	40		
3	误差计算	1）根据实验测得数据计算测量误差，错误每处扣 5 分	20		
4	安全文明操作	1）违反操作流程扣 5 分 2）工作场地不整洁扣 5 分	10		
	备注	合计	100		
汇 总 得 分					
	工作行为 100 分（50%）	工作质量 100 分（50%）		总得分 100 分	
组长评分					
教师评分					

说明：① 工作行为部分主要由小组长评定，实行百分制，教师有权特别处理。
② 工作质量部分主要由教师抽查评定，实行百分制，其他组员成绩与抽查同学得分相同。
③ 教师具有否定权，最后总得分以教师评分为准。

1.4 思考与练习题

1. 人体触电类型有哪几种类型？各有什么特点？

2. 间接接触触电有哪些情况？

3. 请思考，决定触电伤害程度的因素有哪些呢？

4. 请查找相关资料，了解什么是感知电流，成年男性和成年女性的平均感知电流分别是多少 mA？

5．请查找相关资料，了解什么是摆脱电流，成年男性和成年女性的平均摆脱电流分别是多少 mA？

6．今有一只多量程电压表，量程为 7.5/15/30V，现测量 7V、12V 和 20V 的电压，应分别选用哪个量程比较合理？

7．在实验过程中，直流稳压电源突然无电压输出，你认为可能是哪些原因造成的？

8．什么叫安全电压？安全电压分为哪些等级？

9．如何应急处置触电事故？

10．急救方法有哪些？

11．常用的电工工具有哪些？有什么用途？至少列出 10 种。

12．模拟类电工仪器仪表与数字类电工仪器仪表有什么区别？各有什么特点？

项目2 指针式万用表的装配与调试

知识目标

◆ 掌握电路的基本概念。

◆ 掌握电路的基本物理量。

◆ 掌握电路的基本定律。

◆ 掌握电路的分析方法。

◆ 熟悉电子元器件的识别方法。

◆ 熟悉焊接方法。

能力目标

◆ 会正确识别电子元器件。

◆ 会使用常用电工工具。

◆ 会正确使用电烙铁进行焊接电路。

◆ 会分析和计算电路。

◆ 会装配和调试指针式万用表。

2.1 任务1 认识直流电路

你知道什么是电路吗？直流电路又是怎么样的？让我们一起来学习吧！

2.1.1 电路

1. 电路

电流所流过的路径称为电路。它是为了某种需要由电工设备或元器件按一定方式组合起来的。

电路的结构形式和所能完成的任务是多种多样的，典型的电路模型如图2-1所示，手电筒电路如图2-2所示。

2. 电路的组成

电路的基本组成包括以下3个部分。

1）电源（供能元件）：给电路提供电能的设备，如图2-3和图2-4所示。其作用是把其他形式的能量转化为电能。如：发电机、干电池及蓄电池等。

2）负载（耗能元件）：取用电能的设备，其作用是把电能转化为其他形式的能量。如：白炽灯、电动机、空调及电炉等。

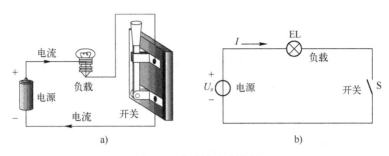

图 2-1 典型的电路模型

a) 实物图 b) 原理图

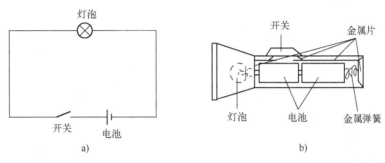

图 2-2 手电筒电路

a) 实物图 b) 原理图

图 2-3 各种蓄电池和干电池由化学能转换成电能

图 2-4 汽轮发电机和风力发电机将机械能转换成电能

3）中间环节：连接电源和负载，用来传递信号、传输、控制及分配电能。如连接导线、控制和保护电路的元器件，如开关、按钮、熔断器、接触器及各种继电器等。

3. 电路的作用

（1）实现电能的传输、分配与转换

图 2-5 所示的电力网系统即为完整的电路组成，发电机为提供电能的装置，它将其他形式的能量转换成电能，经过变压器、输电线传输到各用电部门后，用电部门再将电能转换成光能、热能、机械能等其他形式的能加以利用。

（2）实现信号的传递与处理

图 2-6 所示的传声器电路也是一个完整的电路，传声器是将语音信号转换成电信号，电源和信号源的电压或电流称为激励，它推动电路工作。由激励所产生的电压和电流称为响应，放大器及中间传输线路为中间环节，起到信号放大、调谐、检波等处理工作，最后传输给负载扬声器，发出声音。

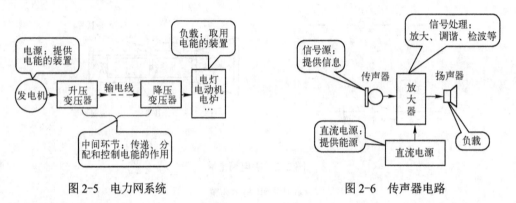

图 2-5　电力网系统　　　　　　　图 2-6　传声器电路

2.1.2　电路模型

1. 电路模型

由于实际电路的几何形态差异很大，并且电路的各元器件和导线之间存在相互影响的电磁干扰，在电路分析中如都用实际电路分析，十分复杂。因此，对于实际电路的研究，通常只需要考虑电路各元器件的主要电特性，把实际元器件做近似化、理想化处理，用规定的特定符号表示，这样构成的电路称为实际电路的电路模型。

2. 常用的理想电路元器件的符号

几种常用的理想电路元器件的符号见表 2-1。

表 2-1　常用理想电路元器件符号

名　　称	符　　号	名　　称	符　　号
理想电流源	⊕	受控电流源	◇
理想电压源	⊖	受控电压源	◇
电阻	▭	理想二极管	▷
可变电阻	▱	理想导线	——
电容	‖	理想开关	⁄
电感	⏚	二端元件	▭

3. 电路图

用规定的图形符号表示电路连接情况的图称为电路图，如图 2-1b 和图 2-2a 所示。以下讨论的电路一般都指这样抽象的电路模型。

2.1.3 电路的状态

电路的工作状态有 3 种：通路、开路和短路。

1. 通路

通路也称为闭路，即电路各部分连接成闭合回路，电路中有电流通过。电气设备或元器件获得一定的电压和电功率，进行能量转换。如图 2-7 所示，开关 S 闭合时为通路，电路工作正常。

2. 开路

开路也称为断路，即电路断开，电路中无电流通过，也称为空载。如图 2-7 所示，开关 S 断开时电路为开路，负载 R_L 中没有电流流过。

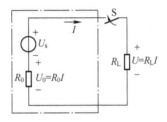

图 2-7　电路的状态

3. 短路

短路也称为捷路，即电源两端或电路中某些部分被导线直相连接。短路时电流很大，会损坏电源和导线，应尽量避免。输出电流过大对电源来说属于严重过载，如没有保护措施，电源或电器会被烧毁或发生火灾，所以通常要在电路或电气设备中安装熔断器、熔丝等保险装置，以避免发生短路时出现不良后果。如图 2-8 所示，在电路中短接一条线时，电流就不会通过负载 R_L，处于短路状态。

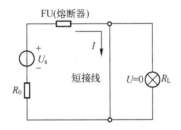

图 2-8　电路的短路状态

2.1.4 电流

1. 概念

电荷的定向移动形成电流。电荷有正、负两种，当负电荷定向移动时，相当于与之等量的正电荷向相反的方向定向移动。

单位时间内通过导体横截面的电荷量定义为电流强度，它是描述电流强弱的物理量，所以简称为电流，用字母 I 表示，电流是电路的一个基本物理量。根据定义有：

$$I = \frac{Q}{t} \tag{2-1}$$

式中，Q 是时间 t 内通过导体横截面的电量，单位为库仑（C）；时间 t 的单位是秒（s）。

电路中要产生电流，需要两个条件：一是要有电源供电，二是电路必须是一个闭合电路。

电路中的电流有的始终保持不变，有的是不断在变化。根据电流变化的情况，电流有两种基本的形式：直流电流和交流电流。

直流电流：电流方向不随时间变化的电流称为直流，而大小和方向均不随时间变化的电流叫作稳恒电流，简称为直流，常用字母"DC"表示。

交流电流：大小和方向随时间变化的电流称为交流电流，如果交流电流是按正弦规律变化，则称为正弦交流电流，简称为交流，常用字母"AC"表示。

直流和正弦交流随时间变化的曲线如图 2-9 所示，图 2-9a 为直流，图 2-9b 为正弦交流。

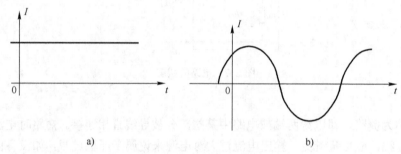

图 2-9 交直流随时间变化曲线

a) 直流 b) 正弦交流

2. 单位

在国际单位中，电流 I 的单位为安培，简称安（A），常用的还有千安（kA）、毫安（mA）和微安（μA）等。常用的单位词头如表 2-2 所示。常见单位关系有：

$$1kA=10^3A, \quad 1mA=10^{-3}A, \quad 1μA=10^{-6}A$$

表 2-2 常用单位词头

中文代号	吉	兆	千	百	十	分	厘	毫	微	皮
国际代号	G	M	k	h	da	d	c	m	μ	p
倍乘数	10^9	10^6	10^3	10^2	10	10^{-1}	10^{-2}	10^{-3}	10^{-6}	10^{-12}

3. 方向

规定正电荷定向移动的方向为电流的方向。在分析电路时，电流的实际方向有时很难立即判断，有时电流在变化，因此在电路中很难标明电流的实际方向，通常需要借助"参考方向"来解决这一问题，参阅电压和电流参考方向一节的内容。

2.1.5 电压

1. 概念

电荷在电路中要受到电场力的作用，自由电荷在电场力的作用下产生了定向移动。电路中的电场是由电源建立的。电场力移动电荷做了功，消耗了电场能。不同的电源移动电荷做功的本领不相同，为了描述电场做功的本领，引入电压这个物理量，它也是电路的一个基本物理量。

电压：电路中 A、B 两点间电压的大小，等于电场力移动单位正电荷由 A 点到 B 点所做的功。电压用字母 U 表示，其表达式为：

$$U = \frac{W}{Q} \qquad (2-2)$$

式中，W 是电场力移动正电荷 Q 所作的功，单位为焦耳（J）。

根据电压的变化情况，电压也有两种最基本的形式：直流电压和正弦交流电压。定义与电流的相似，也同样分别用"DC"和"AC"表示。

2. 单位

在国际单位制中，电压的单位是伏特，简称为伏（V），常用的还有千伏（kV）、毫伏（mV）和微伏（μV）等。

$$1kV = 10^3 V, \qquad 1mV = 10^{-3} V, \qquad 1μV = 10^{-6} V$$

3. 方向

电压的方向：当电场力移动正电荷从 A 到 B 做的功 $W > 0$ 时，规定电压的方向从 A 指向 B。

电压的方向有时用正、负极性表示，在上述情况下，A 为正极性，用"+"表示，B 为负极性，用"–"表示，也就是电压方向从正极性指向负极性。电压有时还用双下标表示，比如 U_{ab} 表示电压方向从 a 指向 b。

4. 电动势

电源力把电源内部单位正电荷从负极经电源内部移到正极所做的功，称为电动势。一般用符号 e 或 E 来表示。其数学表达式为：

$$e = \frac{\mathrm{d}W}{\mathrm{d}q} \qquad (2-3)$$

在直流情况下，用大写的符号 E 来表示。电动势和电位一样属于一种势能，它能够将低电位的正电荷推向高电位，如同水泵能够把低处的水抽到高处的作用一样。它反映了电源内部能够将非电能转换为电能的本领。

电动势只存在于电源内部，在电路分析中也是一个有方向的物理量，其实际方向的规定与电压实际方向相反，由电源的负极指向电源的正极，即电位升高的方向。其单位和电压一样，也是伏特。

2.1.6 电流和电压的参考方向

1. 参考方向

图 2-10 中有 3 个电路，其中图 2-10a、图 2-10b 所示电路结构简单，电路中的各个电流和电压的方向一目了然，经简单计算则可求出各支路电流和电压。

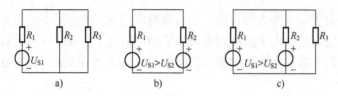

图 2-10 参考方向的引入

图 2-10c 所示电路较复杂，即使各元器件参数已知，且 $U_{S1} > U_{S2}$，图中中间支路的电流和电阻 R_2 上电压的方向均不能简单判定。随着各电阻取值不同，上述的电流和电压的方向可能向上，也可能向下，其数值还可能是零。结论须待对电路进行分析计算后才能得出。

当不知道电流或电压的方向时，为了便于分析计算，可预先假设一个方向。这个假设的电流或电压的方向，称为参考方向。

引入参考方向以后，表示电流或电压的数值，不仅是正数和零，而且包括了负数。正数表示参考方向与实际方向相同，负数表示参考方向与实际方向相反。电压和电流的实际方向与参考方向如图 2-11 所示。

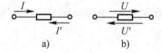

图 2-11 电压和电流的实际方向与参考方向

图 2-11a 中，设 $I = 3A$，若取 I' 为电流参考方向，则 $I' = -3A$。

图 2-11b 中，设 $U = -5V$，若取 U' 为电压参考方向，则 $U' = 5V$。

电压的参考方向有时用参考极性表示。同样从"+"极性指向"-"极。

当电压参考方向用双下标表示时，有 $U_{ab} = -U_{ba}$。

实际的电路很多要比图 2-10c 复杂，在进行电路计算时，要先假设参考方向。

引入参考方向以后，要完整表达某一电流或电压，必须包括 3 个内容：①图中画出代表参考方向的箭头；②表示电流或电压的字母 I 或 U；③用带单位的实数量代表电流或电压的值。

电流的表示如图 2-12 所示，其中图 2-12a 中电流的表达是完整的，图 2-12b 中箭头上无电流字母 I，图 2-12c 中既无箭头又无字母，后两者的表达式是不完整的。

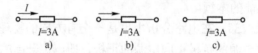

图 2-12 电流的表示

引入参考方向以后，电流或电压的已知量的方向也用参考方向表示。对于已知量，可以把量值直接写在参考方向的旁边，已知量的表示如图 2-13 表示。

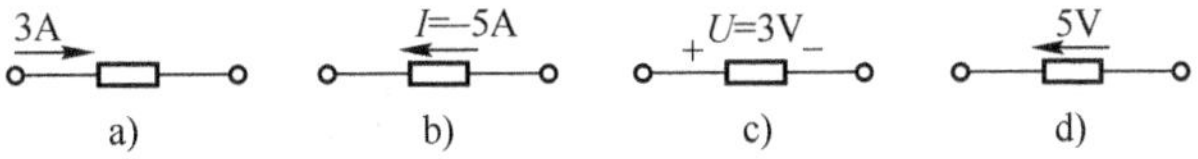

图 2-13　已知量的表示

2. 关联参考方向与非关联参考方向

对于任一电路或一个电路元器件，如果选定电流与电压的参考方向一致，则把电流和电压的这种参考方向称为关联参考方向。

在电路计算时，选定电流、电压的参考方向为关联参考方向时比较方便。

与关联参考方向相对应，如果对于一个电路或一个电路元器件选定电流与电压参考方向不一致，称为非关联参考方向。

关联与非关联参考方向如图 2-14 所示。

图 2-14　关联与非关联参考方向

a) 电压、电流关联参考方向　b) 电压、电流非关联参考方向

使用参考方向需注意的几个问题：

① 电压、电流方向是客观的，但参考方向可任意假设。

② 参考方向一经设定，在解题中就不能再变。

③ 不设参考方向，电压、电流的正、反是没有意义的，换句话说就是以后解题时必须设定电压、电流参考方向。

④ 参考方向的假设，不影响解题结论的正确性。

⑤ 电压、电流参考方向的可独立假设，但一般采用关联参考方向。

2.1.7　电位

1. 概念

在电路分析或电气设备的调试、检修中，经常要测量电路中各点的电位，以便比较两点的电性能。电路中某点的电位在数值上等于电场力将单位正电荷从该点移到参考点所做的功，参考点的电位为零。与电压的定义比较可知：电路中某点的电位，实际上就是该点与参考点之间的电压。a 点的电位用 V_a 表示。

1）电位参考点的选择原则上是任意的，实际使用中常选大地为参考点，用"⊥"表示。

有些设备的外壳是接地的，这时与机壳相接的各点，均为零电位。有些设备的机壳是不接地，则选择许多导线的公共点为参考点，用"⊥"表示。

2）电位与电压的关系：$U_{AB} = V_A - V_B$。

注意：$U_{AB} \neq U_{BA}$，$U_{AB} = -U_{BA}$

3）电位的单位：与电压相同，也是伏特（V）。

2. 电位的计算

从参考点出发，沿任一通路到待求点，遇到电压升记为"＋"，电压降记为"－"，求各元器件电压代数和，即为该点电位。

【例 2-1】 求图 2-15 电路中以不同点为参考点时，各点的电位及电压。

解：本电路是单回路，电流处处相等，先求出电流

$$I = \frac{2}{1+3} \text{mA} = 0.5 \text{mA}$$

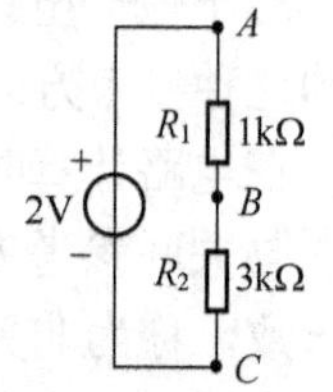

以 A 点为参考点

$$V_B = V_B - V_A = U_{BA} = -U_{AB} = -IR_1 = -0.5 \times 1\text{V} = -0.5\text{V}$$
$$V_C = V_C - V_A = U_{CA} = -U_{AC} = -2\text{V}$$
$$U_{AB} = V_A - V_B = 0\text{V} - (-0.5)\text{V} = 0.5\text{V}$$
$$U_{BC} = V_B - V_C = -0.5\text{V} - (-2)\text{V} = 1.5\text{V}$$
$$U_{AC} = V_A - V_C = 0\text{V} - (-2)\text{V} = 2\text{V}$$

图 2-15　例 2-1 图

同理，可求出以 B 或 C 为参考点时，各点的电压、电位。

选 A、B、C 为参考点时，各点电压电位关系见表 2-3。

表 2-3　电压与电位的关系

参考点	V_A/V	V_B/V	V_C/V	U_{AB}/V	U_{BC}/V	U_{AC}/V
A	0	−0.5	−2	0.5	1.5	2
B	0.5	0	−1.5	0.5	1.5	2
C	2	1.5	0	0.5	1.5	2

由表 2-3 各数值可见：

① 电位跟参考点的选择有关，而电压跟参考点的选择无关。

② 电位是某点与参考点间的电压，而电压是指某两点间（不一定是参考点）。

2.1.8　电能和电功率

根据电压的定义式：

$$U = \frac{W}{Q} \tag{2-4}$$

推得：

W 表示电场，$W = UQ$，表示力在电压是 U 的两点之间定向移动正电荷 Q 所做的功，也表示减少（消耗）的电场能量。

根据功率与能量关系：

$$P = \frac{W}{t} \tag{2-5}$$

得电功率：

$$P = U\frac{Q}{t} \tag{2-6}$$

由电流定义式：

$$I = \frac{Q}{t} \tag{2-7}$$

得： $\qquad\qquad P = UI \tag{2-8}$

很明显式中的正电荷 Q 是沿着电压方向作定向移动的，也就是说 U 与 I 为关联参考方向，如图 2-16a 所示，功率 P 的单位为瓦（W）。

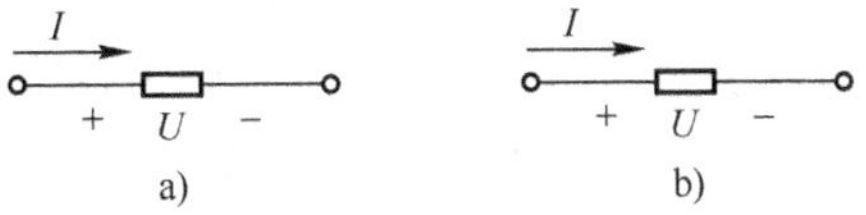

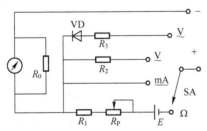

图 2-16　功率方向

如果 U 与 I 为非关联参考方向，如图 2-16b 所示，则：

$$P = -UI \tag{2-9}$$

引入参考方向以后，U 和 I 的值都是可正、可负的实数值，所以 P 的值也是可正、可负的实数值。

在电压、电流取关联参考方向时，$P > 0$ 表示元器件吸收功率；$P < 0$ 表示元器件发出功率。

电能量还有一个日常使用的单位，叫作"度"。如果用电器的功率是 1kW，则它使用 1h，所消耗电能量为 1 度，即：

1 度 =1 千瓦 ×1 小时 =1 千瓦时（kWh）=1000W×3600s=3.6×10⁶J

根据以上关系，已知用电器的功率和用电时间就可计算出其消耗的电能。

$$W = UIt \tag{2-10}$$

2.1.9　指针式万用表的工作原理

1. 指针式万用表的工作原理

指针式万用表的电路结构可以简化为图 2-17 所示的模型图。

图 2-17　指针式万用表电路模型

它由表头、电阻测量档、电流测量档、直流电压测量档和交流电压测量档几个部分组成，图中"-"为黑表笔插孔，"+"为红表笔插孔。

测电压和电流时，外部有电流流入表头，因此无需内接电池。

当把档位开关旋钮 SA 拨到交流电压档时，通过二极管 VD 整流，电阻 R_3 限流，由表头显示出来；当拨到直流电压档时不须二极管整流，仅须电阻 R_2 限流，表头即可显示；拨到直流电档时既不须二极管整流，也不须电阻 R_2 限流，表头即可显示；测电阻时将档位开关 SA 拨到"Ω"档，这时外部没有电流通入，因此必须使用内部电池作为电源，设外接的被测电阻为 R_X，表内的总电阻为 R，形成的电流为 I，由 R_X、电池 E、可调电位器 R_P、固定电阻 R_1 和表头部分组成闭合电路，形成的电流 I 使表头的指针偏转。红表笔与电池的负极相连，通过电池的正极与电位器 R_P 及固定电阻 R_1 相连，经过表头接到黑表笔与被测电阻 R_X 形成回路，产生电流使表头显示。回路中的电流为：

$$I = \frac{E}{R_X + R}$$

由上式可知，I 和被测电阻 R_X 不成线性关系，所以表盘上电阻标度尺的刻度是不均匀的。当电阻越小时，回路中的电流越大，指针的摆动越大，因此电阻档的标度尺刻度是反向分度。当万用表红、黑两表笔直接连接时，相当于外接电阻 $R_X = 0$，那么

$$I = \frac{E}{R_X + R} = \frac{E}{R}$$

此时通过表头的电流最大，表头摆动最大，因此指针指向满刻度处，向右偏转最大，显示阻值为 0Ω。

反之，当万用表红、黑两表笔开路时 $R_X \rightarrow \infty$，R 可以忽略不计，则

$$I = \frac{E}{R_X + R} \approx \frac{E}{R_X} = 0$$

此时通过表头的电流最小，因此指针指向 0 刻度处，显示阻值为 ∞。

2. MF47 万用表电路原理图

MF47 型号的指针式万用表是常用的万用表之一，它的电路具有典型性，其他型号指针式万用表的电路组成及原理与其基本相同，MF47 万用表电路如图 2-18 所示，它的显示表头

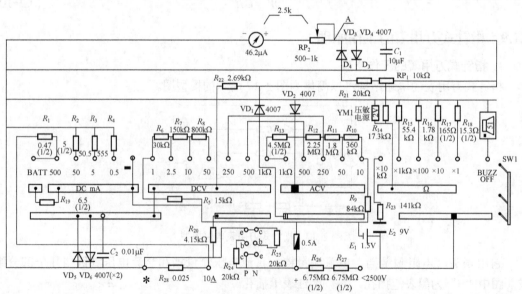

图 2-18　MF47 万用表电路原理图

是一个直流 uA 表，RP_2 是电位器用于调节表头回路中的电流大小，VD_3、VD_4 两个二极管反向并联并与电容并联，用于保护限制表头两端的电压起保护表头的作用，使表头不至于电压、电流过大而烧坏。电阻档分为 $\times 1\Omega$、$\times 10\Omega$、$\times 100\Omega$、$\times 1k\Omega$、$\times 10k\Omega$、几个量程，当转换开关拨到某一个量程时，与某一个电阻形成回路，使表头偏转，测出阻值的大小。MF47 万用表电路由以下几个部分组成：公共显示部分、保护电路部分、直流电流部分、直流电压部分、交流电压部分和电阻部分，看起来比较复杂，但是将量程及一些保护电路进行简化，其电路结构与图 2-16 的模型图是一致的。

2.1.10 指针式万用表电路模型分析任务实施

1. 任务目标

1）掌握电路的基本概念和物理量，并在指针式万用表电路中对应分析。

2）根据指针式万用表电路的模型图，分析出测各种参数的电路组成。

2. 学生工作页

课题序号		日　　期		地　　点	
课题名称		指针式万用表电路模型分析		课　时	1

1. 训练内容

1）分析电路中的基本物理量及相关知识，填入相应表格中。

2）分析并画出测量电阻、测量电流、测量直流电压和测量交流电压的电路模型。

2. 材料及量具

万用表电路图、纸和笔。

3. 训练步骤

1）教师演示说明训练内容。

2）根据所学的知识，分析图 2-17 万用表电路模型中的基本物理量，并填入表 2-4 相应表格中，随机抽查学生的掌握情况。

表 2-4　万用表电路模型中的基本物理量

序号	基本物理量名称	符号	单位	参考方向分析	各物理量的相互关系

3）分析理解图 2-17 指针式万用表电路模型图中测量各参数的原理，分析 MF47 万用表的电路图，简化档位及保护电路，绘制测量电阻、测量直流电流、测量交流电压和直流电压的电路模型图。

4. 课后体会

_____

_____

_____

_____

3. 工作任务评价表

组别_____ 姓名_____ 学号_____

工 作 质 量					
序号	考核项目	评 分 标 准	配分	扣分	得分
1	基本物理量说明	1）电压物理量说明 10 分 2）电位物理量说明 10 分 3）电动势物理量说明 10 分 4）电流物理量说明 10 分 5）其他 10 分	50		
2	电路模型分析	1）测量电阻电路模型 10 分 2）测量电流电路模型 10 分 3）测量交流电压电路模型 10 分 4）测量直流电压电路模型 10 分 5）电路绘制规范及美观 10 分	50		
	备注	合 计	100		
汇 总 得 分					
	工作行为 100 分（50%）	工作质量 100 分（50%）		总得分 100 分	
组长评分					
教师评分					
说明：① 工作行为部分主要由小组长评定，实行百分制，教师有权特别处理。 ② 工作质量部分主要由教师抽查评定，实行百分制，其他组员成绩与抽查同学得分相同。 ③ 教师具有否定权，最后总得分以教师评分为准。					

2.2 任务 2 认识电路元器件

布置任务

你知道电路中有哪些常用元器件吗？如何来识别和检测元器件呢？让我们一起来学习吧！

电路元器件是电路最基本的组成单元，它们是为了建立电路模型而提出的一种理想元器件。这里介绍在电路中最常用、也是最基本的电路元器件，即电阻、电容、电感及电源。

2.2.1 电阻元件及欧姆定律

1. 电阻的定义

电流通过导体，导体对电流有一定的阻碍作用，这个阻碍作用称为电阻。导体的电阻与导体的尺寸（大小、长短）、构成导体的材料以及外部条件（如温度）有关。电阻用字母"R"表示。导体电阻的计算公式为：

$$R = \rho \frac{L}{S} \tag{2-11}$$

式中，ρ 为电阻材料的电阻率（$\Omega \cdot m$）；L 为电阻体的长度（m）；S 为电阻体的截面积（m^2）。

2. 电阻的单位

电阻的单位在国际单位制中是欧姆（Ω），常用的还有千欧（$k\Omega$）、兆欧（$M\Omega$）等。

$$1k\Omega = 10^3\Omega，\quad 1M\Omega = 10^6\Omega = 10^3 k\Omega$$

3. 欧姆定律

物理学中说：金属导体温度不变时，电阻保持不变，流过导体的电流与两端电压成正比，与电阻成反比，这是著名的欧姆定律。

（1）部分电路欧姆定律

选择电阻两端电压 U 与流过电流 I 为关联参考方向，如图 2-19a 所示，则有：

$$U = IR 或 I = \frac{U}{R} \tag{2-12}$$

若选择电阻两端电压 U 与流过电流 I 为非关联参考方向，如图 2-19b 所示，则有：

$$U = -IR 或 I = -\frac{U}{R} \tag{2-13}$$

以上两种情况是在电路分析中经常碰到的部分电路的情况，切不可混淆。

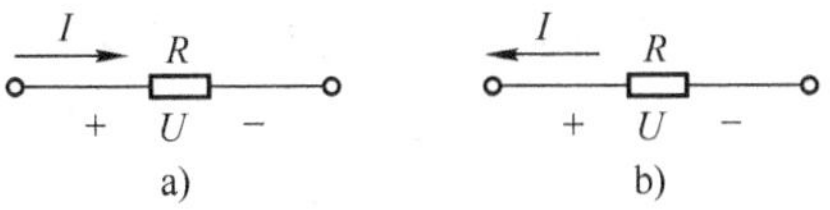

图 2-19 电阻、电压、电流的关系

（2）全电路欧姆定律

一个包含电源、负载在内的闭合电路称为全电路，如前面所学的图 2-7 所示。当开关 S 闭合构成闭合通路时，有：

$$I = \frac{U_S}{R_0 + R_L} \tag{2-14}$$

同样满足欧姆定律的关系。

4. 电阻的伏安特性

电阻的伏安特性是指电阻两端电压与通过它的电流之间的关系。

由欧姆定律可知，电阻的伏安特性是 $U = IR$。以电流为横坐标，以电压为纵坐标，可画出电阻的伏安特性曲线。如电阻的数值不随其上的电压或电流变化，是一常数，则称电阻为线性电阻。其伏安特性曲线是一条过原点的直线，线性电阻的伏安特性曲线如图 2-20 所示。

如电阻的数值随其上的电压或电流的变化而变化，这种电阻称为非线性电阻。其伏安特性曲线是一条曲线。图 2-21 所示是二极管的伏安特性曲线。二极管是非线性电阻元件。

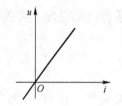

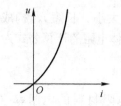

图 2-20　线性电阻的伏安特性曲线　　　　图 2-21　二极管的伏安特性曲线

5. 电阻元件的功率

根据电功率公式，U、I 为关联参考方向时，$P=UI$，代入 $U=IR$ 或 $I=\dfrac{U}{R}$ 关系式

可得：

$$P=I^2R \text{ 或 } P=\dfrac{U^2}{R}$$（2-15）

若 U、I 为非关联参考方向时，$P=-UI$，代入 $U=-IR$ 或 $I=-\dfrac{U}{R}$ 关系式

可得：

$$P=I^2R \text{ 或 } P=\dfrac{U^2}{R}$$（2-16）

可见，只要 U 和 I 不等于零，P 永远大于零，与参考方向选择无关。在电路中，电阻只消耗功率，不会发出功率，只能用做负载，不能用做电源。

本课程只讨论线性电阻，对非线性电阻不作介绍。

6. 电阻的标识

目前，普通电阻器大多采用色环来标识，即采用在电阻器表面印制不同颜色的色环来表示电阻器标称阻值及误差等，所以也被称为色环电阻。

四色环电阻为常用电阻，而五色环电阻的精度较高，最高精度为 ±0.1%，标称阻值比较准确。在读数时一定要分清楚色环的始端和末端，记住色环离电阻边缘较近的一端为首端，较远的一端为末端。各色环电阻的含义及识读如图 2-22 所示。

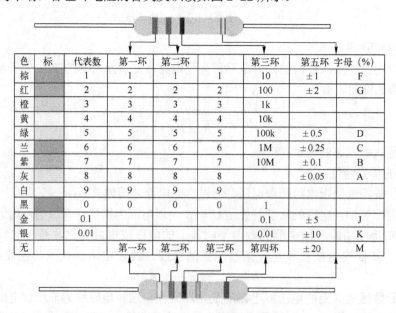

图 2-22　各色环电阻的含义及识读

2.2.2 电容元件

1. 电容的定义

两个导体中间隔以纸、云母、陶瓷等绝缘材料就构成一个电容器，在外电源作用下，两个极板上能分别存储等量的异性电荷形成电场，储存电能。电容器极板上储存的电量 q 与外加电压的关系为 $q = Cu$。u 一定时，C 越大的电容，q 越多。可见 C 是表征电容元件的特性参数，称为电容量，简称为电容。

2. 电容的单位

电容 C 的单位是法拉，简称法（F），常用的电容单位还有：微法（μF）、皮法（pF），它们之间的关系为：

$$1F = 10^6 \mu F = 10^{12} pF$$

3. 电容的电压、电流之间的关系

电容的电压、电流如图 2-23 所示，设电容元件电压与电流为关联参考方向时，电容两端电压有 du 变化时，则电容器上的电荷量也有相应的 dq 的变化，且 $dq = Cdu$，其中比例系数 C 称为电容器的电容量。

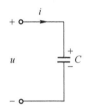

图 2-23 电容的电压、电流

所以流过电容电路的电流： $$i = \frac{dq}{dt} = C\frac{du}{dt} \tag{2-17}$$

上式说明，当电容两端电压不随时间变化，即为直流时，电容电路中的电流为零，因此电容器在直流电路中视为开路，即起着隔直作用。但当电流为交流时，$\frac{du}{dt} \neq 0$，即电容电路中的电流不为零，因此电容器在交流电路中有电流通过，视为通路。总之，电容有通交隔直作用。

实际上，通过实验证明，电容器的电容量大小与电容器的结构特点和中间介质有关，与电容器两端的电压、流经的电流及储存的电量无关。

4. 电容元件的储能

电容在充电时吸收的能量全部转换为电场能量，放电时又将储存的电场能量释放回电路，它本身不消耗能量，也不会释放出多于它吸收的能量，所以称电容为储能元件。

当电容的电压和电流为关联方向时，电容吸收的瞬时功率为：

$$p = ui = Cu\frac{du}{dt} \tag{2-18}$$

瞬时功率可正、可负，当 $p > 0$ 时，说明电容是在吸收能量，处于充电状态；当 $p < 0$ 时，说明电容是在供出能量，处于放电状态。

经理论推导，电容储存的能量为：
$$W_C = \frac{1}{2}Cu^2 \qquad (2\text{-}19)$$

式中，W_C 为电容器储存的能量；C 为电容器的电容量；u 为电容器两端的电压。

2.2.3 电感元件

1. 电感的定义

电路中经常用到导线绕成的线圈，当电流通过线圈时，线圈周围就建立了磁场。

当电流通过电感器时，就有磁通与线圈交链，当磁通与电流 i 参考方向之间符合右手螺旋关系时，磁链与电流的关系为 $\Psi(t) = L \cdot i(t)$，L 为磁链与电流之间的比例系数，称为电感量，简称为电感。

2. 电感的单位

国际单位制中，电感的单位为亨利（H），简称为亨。还有较小的单位毫亨（mH）和微亨（μH），它们间的换算关系为：1mH=10^{-3}H，1μH=10^{-6}H。

3. 电感的电压、电流之间的关系

根据电磁感应定律，电感两端出现（感应）电压 u，当 u、i 为关联方向时，电感的电压、电流如图 2-24 所示，有：

$$u = \frac{\mathrm{d}\Psi}{\mathrm{d}t} = \frac{\mathrm{d}(Li)}{\mathrm{d}t} = L\frac{\mathrm{d}i}{\mathrm{d}t} \qquad (2\text{-}20)$$

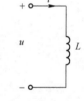

图 2-24　电感的电压、电流

上式表明某一时刻电感元件两端电压的大小取决于该时刻电流对时间的变化率，与该时刻电流的大小无关。只有当电流变化时，其两端才会有电压。如果电感元件的电流不随时间变化，比如直流电，电感两端就没有电压，所以在直流电路中，电感元件相当于短路。

实际上，通过实验证明，电感 L 的值与线圈的匝数、尺寸、形状以及有无铁心有关。线圈匝数越多，截面积越大，其电感也越大。有铁心的线圈比无铁心的线圈电感要大得多。

4. 电感元件的储能

电感元件有电流通过时，电流在线圈周围产生磁场，并存储磁场能量，因此，电感元件也是一种储能元件。选择电感电压和电流为关联方向时，电感吸收的瞬时功率为：

$$p = ui = Li\frac{\mathrm{d}i}{\mathrm{d}t} \qquad (2\text{-}21)$$

与电容一样，电感的瞬时功率也可正可负，当 $p > 0$ 时，表示电感从电路吸收功率，储存磁场能量；当 $p < 0$ 时，表示供出能量，释放磁场能量。

经理论推导，电感元件储存的能量为：
$$W_L = \frac{1}{2}Li^2 \qquad (2\text{-}22)$$

式中，W_L 为电感器储存的能量；L 为电感元件的电感量；i 为流经电感元件的电流。

2.2.4 电源元件

电源的作用主要是为电路提供电能，提供电能的方式有两种：提供电压和提供电流。为此，电源有两种形式：电压源——提供电压，电流源——提供电流。

1. 理想电压源

（1）理想电压源的概念

如果电源内阻为零，电源将为电路提供一个恒定不变的电压，这种电源称为理想电压源，简称为恒压源。理想电压源的特点：它的电压恒定不变，通过它的电流由与之相联的外电路决定，由于理想电压源没有内阻，所以没有内部能量损耗。

（2）理想电压源的符号及其伏安特性

理想电压源的符号如图 2-25 所示，理想电压源的伏安特性如图 2-26 所示，可见其端电压 $U = U_S$，不会随着电流的变化而发生改变。

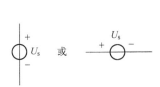

图 2-25　理想电压源的符号　　　　　　图 2-26　理想电压源的伏安特性

理想电压源实际上是不存在的，若电源内阻 R_0 远小于负载电阻 R，由于 R_0、R 是串联的，相对外电压而言，IR_0 很小，可忽略，此时 $U \approx U_S$，此时就可把这个电源近似看成是理想电源。通常，稳压电源、新干电池都可近似看成是理想电压源。

2. 理想电流源

（1）理想电流源的概念

如果电源内阻无穷大，电源将为电路提供一个恒定的电流，这种电源称为理想电流源，简称为恒流源。理想电流源的特点：提供的是恒定的电流，与施加在其上的电压无关，其端电压由与之相联的外电路决定。

（2）理想电流源的符号及其伏安特性

理想电流源的符号如图 2-27 所示，理想电流源的伏安特性如图 2-28 所示，可见其电流 $I = I_S$，不会随着电压的变化而发生改变。

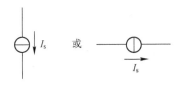

图 2-27　理想电流源的符号　　　　　　图 2-28　理想电流源的伏安特性

同样，理想电流源实际上也是不存在的，但若电流源内阻 R_0 远大于负载电阻 R（R_0 与 R 并联）时，其输出电流基本恒定，这时的电源可近似看作理想电流源。通常恒流电源、光电池、在一定工作条件下的晶体管均可看作是理想电流源。

3. 实际电源的两种电路模型

理想电压源、理想电流源都只提供电能，而实际电源由于内部有一定的电阻，要消耗一定的电能，因此实际电源的电路模型可看作由两部分组成：一是产生电能的理想电源元件；二是消耗电能的理想电阻元件。对应两种理想电源，实际电源电路模型也有两种：电压源模型和电流源模型。

（1）实际电压源模型

一个实际电压源可用一个理想电压源和一个电阻串联组合而成。电压源模型如图 2-29 所示。

电压源与外电路的连接如图 2-30 所示，由图可得电压源的端电压：

$$U = U_S - IR_0 \tag{2-23}$$

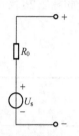

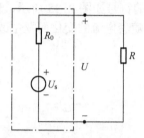

图 2-29　电压源模型　　　　　　　　图 2-30　电压源与外电路连接

电压源输出电压 U 与电流 I 之间的关系称为电压源的伏安特性。根据 $U = U_S - IR_0$ 可作出电压源伏安特性曲线，如图 2-31 所示。

图 2-32 为内阻分别为 R_{01}、R_{02} 的两个电压源的伏安特性，其中 $R_{01} < R_{02}$，由图可见：内阻越小的电压源，其输出电压越稳定，即电压源的性能越好。所以一般电压源的内阻很小。内阻越小，越接近理想电源。

由图 2-32 可见，当负载 R 增大时，根据：

$$I = \frac{U_S}{R + R_0}$$

电压源的输出电流 I 减小，输出电压 $U = U_S - IR_0$ 则变大。

综合以上分析可见，实际电压源的输出 U、I 均非定值，与外电路情况有关。

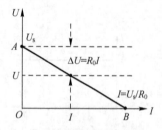

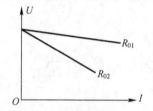

图 2-31　电压源伏安特性曲线　　　　　　　图 2-32　两个电压源的伏安特性

（2）实际电流源模型

一个实际电流源也可等效为一个理想电流源和一个内电阻 R_0 并联，电流源与外电路连接如图 2-33 所示。

电流源的输出电流：

$$I = I_S - U / R_0 \tag{2-24}$$

根据上式可得电流源伏安特性，如图 2-34 所示，当负载增大时，电流源的输出电压增大，输出电流减小。可见，电流源的输出电压和电流也不是定值，也与外电路有关。

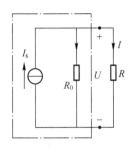

图 2-33 电流源与外电路连接

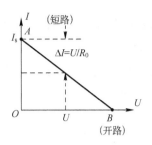

图 2-34 电流源伏安特性

2.2.5 受控源

前面介绍的电压源和电流源的电压和电流是由非电能量提供的,其大小、方向和电路中的电压、电流无关,也称为独立电压源和独立电流源。它们的独立是相对于某些受控电源而言的。本节将要介绍的受控源,电压或电流不像独立电源那样由自身决定,而是受电路中某部分的电压(或电流)控制的。

受控源也称非独立源,实际上是某些晶体管、场效应晶体管等电压或电流控件的电路模型。受控源既可以受电压控制,也可以受电流控制,因此一般可以分为 4 种类型,分别是电压控制的电压源(VCVS)、电压控制的电流源(VCCS)、电流控制的电压源(CCVS)和电流控制的电流源(CCCS)。它们的图形符号如图 2-35 所示。为了与独立源相区别,一般用菱形符号表示受控源。图中,u_1 和 i_1 分别表示控制电压和控制电流,μ、β、γ 和 g 分别是相关的控制系数。

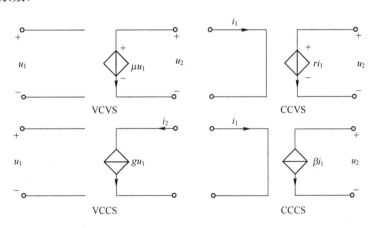

图 2-35 受控源符号

受控源和独立电源的特性不同,在电路中所起到的作用也不相同。独立电源是电路的激励源,为电路提供能量,从而在电路中产生一系列的响应。受控源则描述电路中控制与被控制的电流、电压之间的约束关系,受控源也可以向负载提供电压和电流,但是只有独立源产生控制作用后,受控源才能表现出电源性质。受控源是不能独立存在的,其大小、方向由控制量决定。如果电路中除了受控源外没有其他独立电源,则此受控源和整个电路的电压和电流全部为零。

2.2.6 万用表电路的元器件识别及检测任务实施

1. 任务目标

认识万用表电路的所有元器件，掌握各元器件的检测方法。

2. 学生工作页

课题序号		日　期		地　点	
课题名称	指针式万用表电路元器件识别及测试			课　时	2

1. 训练内容

1）识别指针式万用表套件中的所有元器件并进行归类统计。

2）识读元器件参数并进行测试比较。

2. 材料及工具

指针式万用表套件、数字万用表、纸和笔。

3. 训练步骤

1）拿出元器件包及说明书，教师简要讲解万用表电路元器件的种类、名称及测试方法等。

2）先按说明书清点元器件，根据所学的知识和技能，识别和测试各类元器件。

3）不同类型的器件必须进行识别和检测，同种类型的器件则抽检，总计完成 20 个元器件的识别与测试，按要求填写表 2-5。

4）与电路图中的符号进行对照、分析，为后续电路焊接做准备。

表 2-5　万用表元器件识别与检测

序号	元器件名称	符号	电路中的标号	数量	标称值	测量值
1						
2						
3						
4						
5						
6						
7						
8						
9						
10						
11						
12						
13						
14						
15						
16						
17						
18						
19						
20						

4. 课后体会

_____

_____

_____

_____

_____

3. 工作任务评价表

组别＿＿＿＿＿ 姓名＿＿＿＿＿＿＿ 学号＿＿＿＿＿＿

工 作 质 量					
序号	考核项目	评 分 标 准	配分	扣分	得分
1	电路元器件归类统计	1）元器件归类 10 分 2）元器件名称及符号表示 10 分 3）电路中对应标号 10 分 4）元器件数量统计 10 分 5）丢失一个元器件扣 10 分	40		
2	元器件识读	1）电阻色环识读 10 分（随机 2 种） 2）电容标称值识读 5 分 3）其他配件 10 分	25		
3	元器件测试	1）万用表档位选择等 10 分 2）电池测量 5 分 3）电阻测量 10 分（随机 2 种） 4）电容测试 5 分 5）二极管测试 5 分	35		
	备注	合计	100		
汇 总 得 分					
	工作行为 100 分（50%）	工作质量 100 分（50%）		总得分 100 分	
组长评分					
教师评分					
说明：① 工作行为部分主要由小组长评定，实行百分制，教师有权特别处理。 ② 工作质量部分主要由教师抽查评定，实行百分制，其他组员成绩与抽查同学得分相同。 ③ 教师具有否定权，最后总得分以教师评分为准。					

2.3 任务 3 电路焊接

布置任务

你知道电路怎么焊接吗？焊接工艺是怎么样的呢？让我们一起来学习吧！

在电子产品的制作过程中，元器件的安装与焊接非常重要。安装与焊接质量直接影响到电子产品的性能（如准确度、灵敏度、稳定性、可靠性等），有时因为虚焊、焊点脱落等原因造成电子产品无法正常工作。大批量工业生产中一般采用自动安装与焊接，实验、试制以及小批量生产时往往采用手工安装与焊接。手工安装与焊接技术是电子工作者和电子爱好者必须掌握的基本技术，需要多多练习、熟练掌握。下面简单介绍手工安装与焊接技术。

2.3.1 手工安装

在焊接电路之前，首先要将元器件安装在电路板上，直插式元器件在安装时有立式和卧式两种类型，安装元件示意图如图 2-36 所示，同时需要注意以下几点。

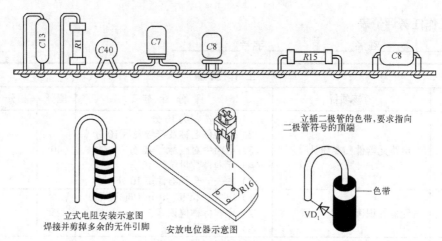

立插二极管的色带,要求指向
二极管符号的顶端

色带

VD_1

立式电阻安装示意图
焊接并剪掉多余的无件引脚

安放电位器示意图

图 2-36 安装元件示意图

1）安装元器件时应注意与印制电路板上的印刷符号一一对应，不能错位。

2）在没有特别指明的情况下，元器件必须从电路板正面装入（有丝印的元件面），在电路板的另一面将元器件焊接在焊盘上。

3）有极性的元器件要注意安装方向。

4）电阻立式安装时，将电阻本体紧靠电路板，引线上弯半径≤1mm，引线不要过高，表示第 1 位有效数字的色环朝上。卧式安装时，电阻离开电路板 1mm 左右，引线折弯时不要折直弯。

2.3.2 手工焊接

1. 手工焊接工具

（1）电烙铁

电烙铁是焊接的基本工具，主要有烙铁头、烙铁心和手柄组成。电烙铁分外热式和内热式两种，按功率分有 20W、25W、30W、45W、75W、100W、200W 等，烙铁头也有各种形状。电烙铁的握法有握笔式和拳握式，见图 2-37。握笔式一般使用小功率直头电烙铁，适合焊接电路板和中、小焊点，拳握式一般使用大功率弯头电烙铁，适合焊接电路板和大焊点。

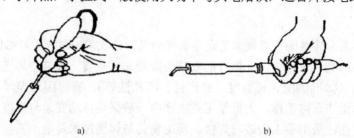

a)   b)

图 2-37 电烙铁的握法
a) 握笔式 b) 拳握式

（2）焊料

焊料是用来熔合两种或两种以上的金属面，使之成为一整体。常用锡铅合金焊料（也称为焊锡），不同型号的焊锡锡铅比例不同，锡铅按不同比例配比组成合金后，其熔点和其他物理性能都不同。目前在电路板上焊接元器件时一般选用低熔点空心焊锡丝，空心内装有助焊作用的松香粉，熔点为140℃，外径有 $\Phi2.5mm$、$\Phi2mm$、$\Phi1mm$、$\Phi1.5mm$ 等。

（3）焊剂

金属在空气中加热情况下，表面会生成氧化膜薄层。在焊接时会阻碍焊锡的浸润和接点合金的形成。采用焊剂能破坏金属氧化物，使氧化物飘浮在焊锡表面上，改善焊接性能，又能覆盖在焊料表面，防止焊料和金属继续氧化，还能增强焊料和金属表面的活性，增加浸润能力。在电路板焊接时可用松香或松香酒精溶液（用25%的松香溶解在75%的酒精）中作为助焊剂。

2. 手工焊接技术

手工焊接技术是电子产品装配和维修必须掌握的技术，特别是直插式元器件，主要是通过电烙铁来进行手工焊接的，正确的焊接方法如表 2-6 所示，在焊接过程中应注意以下几点。

1）电烙铁使用前要上锡，具体方法是：将电烙铁烧热，待刚刚能熔化焊锡时，涂上助焊剂，再用焊锡均匀地涂在烙铁头上，使烙铁头均匀地吃上一层锡。

2）焊接方法，把焊盘和元器件的引脚用细砂纸打磨干净，涂上助焊剂。用烙铁头蘸取适量焊锡，接触焊点，待焊点上的焊锡全部熔化并浸没元器件引线头后，电烙铁头沿着元器件的引脚轻轻往上一提离开焊点。

3）对于较新的印制电路板和元器件，因焊盘和引线上无氧化层，一般不采用上述方法。可直接用焊锡丝焊接。

4）焊接时间不宜过长（3s以下），否则容易烫坏元器件和焊盘，必要时可用镊子夹住引脚帮助散热。在不得已情况下需长时间焊接时，要间歇加热，待冷却后，再反复加热，以免焊盘脱落。

5）焊锡要均匀地焊在引线的周围，覆盖整个焊盘，表面应光亮圆滑，无锡刺，锡量适中并稍稍隆起，能够确认引线已在其中即可。对于双面板，焊锡应透过电路板并覆盖背面整个焊盘。

6）为使电烙铁能在短时间内对元器件引线和焊盘完成加热，要求烙铁尖部的接触面积尽可能大些（放在引线和焊盘的夹角处）。

7）不能把烙铁尖部压着焊盘表面移动。

8）烙铁尖和焊锡丝的配合：先将烙铁尖放在引线和焊盘的夹角处若干时间，对引线和焊盘完成加热后，跟进焊锡丝；焊锡熔化适量后，先离开焊锡丝，后离开烙铁尖。

9）焊接完成后，要用酒精把电路板上残余的助焊剂清洗干净，以防炭化后的助焊剂影响电路正常工作。

10）集成电路焊接时，电烙铁要可靠接地，或断电后利用余热焊接。或者使用集成电路专用插座，焊好插座后再把集成电路插上去。

11）电烙铁应放在烙铁架上，注意避免电烙铁烫伤人、导线或其他物品，长时间不焊接时应断电。

12）焊接时注意防护眼睛，不要将焊锡放入口中（焊锡中含铅和有害物质），手工焊接后须洗干净双手，焊接现场保持通风。

正确的焊接方法与不良焊接方法对照见表 2-6。

表 2-6 焊接方法对照

正确的焊接方法			不良的焊接方法	
1）将电烙铁靠在元器件引脚和焊盘的结合部，使引线和焊盘都充分加热 注：所有元器件从元器件面插入，从焊接面焊接			1）加热温度不够：焊锡不向被焊金属扩散生成金属合金	
2）若烙铁头上带有少量焊料，可使烙铁头的热量较快传到焊点上。将焊接点加热到一定的温度后，用焊锡丝触到焊接件处，熔化适量的焊料；焊锡丝应从烙铁头的对称侧加入			2）焊锡量不够：造成焊点不完整，焊接不牢固	
3）当焊锡丝适量熔化后迅速移开焊锡丝；当焊接点上的焊料流散接近饱满，助焊剂尚未完全挥发，也就是焊接点上的温度适当、焊锡最光亮、流动性最强的时刻，迅速移开电烙铁			3）焊接过量：容易将不应连接的端点短接	
4）焊锡冷却后，剪掉多余的焊脚，就得到了一个理想的焊接了			4）焊锡桥接：焊锡流到相邻通路，造成电路短路。这个错误需用烙铁通过桥接部位即可	

2.3.3 指针式万用表电路焊接任务实施

1. 任务目标

掌握电路元器件手工焊接方法。

2. 学生工作页

课题序号		日 期		地 点	
课题名称		指针式万用表电路焊接		课 时	2

1. 训练内容
1）掌握元器件手工安装方法。
2）掌握万用表电路元器件的焊接方法。

2. 材料及工具
万用表套件、万用表、电烙铁、镊子、斜口钳、焊锡等材料。

3. 训练步骤
1）教师简要说明焊接方法，并作演示。
2）在废旧电路板上练习元器件的焊接方法。
3）将万用表套件的元器件进行归类、成型。
4）根据元器件从低到高的原则进行安装并焊接。

4. 课后体会

_____

_____

_____

3. 工作任务评价表

组别＿＿＿＿＿＿姓名＿＿＿＿＿＿＿＿学号＿＿＿＿＿＿＿＿

工 作 质 量						
序号	考核项目	评 分 标 准	配分	扣分	得分
1	电路元器件安装工艺	1）体现整体美观度，随机抽查安装步骤及熟练程度 2）器件成型不够规范 1 个扣 5 分 3）安装不够平整 1 处扣 5 分	30		
2	电路元器件焊接工艺	1）体现整体焊接工艺，随机抽查焊接步骤及熟练程度 2）虚焊 1 个焊点扣 10 分 3）焊点不够圆润、饱满 1 个扣 5 分	50		
3	电路元器件焊接正确性	1）电路焊接无误 2）焊错元器件 1 个扣 10 分	20		
	备注	合计	100		
汇 总 得 分						
	工作行为 100 分（50%）	工作质量 100 分（50%）		总得分 100 分	
组长评分					
教师评分					
说明：① 工作行为部分主要由小组长评定，实行百分制，教师有权特别处理。 ② 工作质量部分主要由教师抽查评定，实行百分制，其他组员成绩与抽查同学得分相同。 ③ 教师具有否定权，最后总得分以教师评分为准。					

2.4 任务 4 直流电路分析

布置任务

你知道直流电路如何分析吗？让我们一起来学习吧！

2.4.1 电路分析的基本元素

在中学物理中，我们对电路的分析与计算是立足于欧姆定律和串、并联电路的特点及其计算公式，但在实际问题中，有些电路仅靠上述知识来分析计算是不行的。电路的基本元素如图 2-38 所示。在电路中，R_1、R_2、R_3 之间的关系既不是串联，也不是并联，想利用串、并联的性质来化简电路是不可能的，要解决此类问题，就必须学习新的方法，如基尔霍夫定律、支路电流法、叠加定理、戴维南定理等的应用。学习这些定律之前先来了解电路分析的几个基本元素。

1）支路：由一个或几个元器件依次相接构成的无分支电路。同一支路的电流处处相等。在图 2-38 中，$AR_1U_{S1}D$、$AR_3U_{S2}C$、AR_2B 都是支路，其中前两者为含源支路，后者为无源支路。

2）节点：3 条或 3 条以上支路的公共点。例如图 2-38 中的 A 点和 B 点。

3）回路：电路中任一闭合路径称为回路。图 2-38 中的 $AR_1U_{S1}DBR_2A$、$AR_1U_{S1}DBCU_{S2}R_3A$、$AR_2BCU_{S2}R_3A$ 都是回路。

4）网孔：内部不含有其他支路的回路。图 2-38 中的 $AR_1U_{S1}DBR_2A$、$AR_2BCU_{S2}R_3A$ 是网孔。

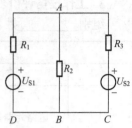

图 2-38　电路的基本元素

2.4.2　基尔霍夫电流定律（KCL）

基尔霍夫电流定律简称为 KCL，又称为节点电流定律，表述为：对电路任意节点而言，在任意时刻，流入该节点的电流之和恒等于流出该节点的电流之和。即：

$$\sum I_\text{入} = \sum I_\text{出} \tag{2-25}$$

若流出节点的电流规定为正，流入节点的电流规定为负。则基尔霍夫电流定律也可表述为：对任意电路，在任意时刻，流过任意一个节点的电流的代数和为零。即：

$$\sum I_K = 0 \tag{2-26}$$

例如图 2-39 所示基尔霍夫电流定律中，有：

$$I_1 + I_3 + I_4 = I_2 + I_5$$

推广：KCL 不仅适用于电路中的任一节点，而且适用于电路中的任一假想的封闭面，即流入某封闭面的电流之和恒等于流出该封闭面的电流之和。

图 2-40 所示的晶体管，对于虚线构成的封闭面，有：

$$I_b + I_c = I_e$$

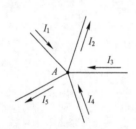

图 2-39　基尔霍夫电流定律

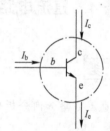

图 2-40　晶体管的电流关系

2.4.3　基尔霍夫电压定律（KVL）

基尔霍夫电压定律简称 KVL，又称为回路电压定律，表述为：在任何时刻，沿任一回路，各段电压的代数和恒等于零。即：

$$\sum U_K = 0 \tag{2-27}$$

应用 KVL 列电压方程时，需要任意指定一个回路的绕行方向，以此来判断各段电压的正负。一般约定：如果元件电压的参考方向与选取的回路绕行方向一致取"+"号，如果元件电压的参考方向与选取的回路绕行方向不一致取"–"号。

例如图 2-41 基尔霍夫电压定律示例图 1 中，回路 Ⅰ：

$$I_1R_1 + I_2R_2 - U_{S1} = 0$$

回路 Ⅱ：

$$I_3R_3 + I_2R_2 - U_{S2} = 0$$

回路 ABCDA：

$$I_1R_1 - I_3R_3 + U_{S2} - U_{S1} = 0$$

例如图 2-42 基尔霍夫电压定律示例图 2 中，回路中有

$$I_1R_1 - I_2R_2 + U_{S1} + I_3R_3 - U_{S2} = 0$$

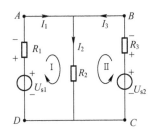

图 2-41　基尔霍夫电压定律示例图 1

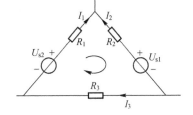

图 2-42　基尔霍夫电压定律示例图 2

推广：KVL 不仅适用于闭合回路，而且还可以推广到任意未闭合回路，但列 KVL 方程时，必须把开口处的电压也列入方程。

例如图 2-43 所示基尔霍夫电压定律示例图 3 中，由 KVL 有：

$$U_{ab} + U_{S2} - IR_2 - IR_1 - U_{S1} = 0$$

$$U_{ab} = U_{S1} + I(R_1 + R_2) - U_{S2}$$

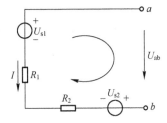

图 2-43　基尔霍夫电压定律示例图 3

由此可见：电路中任意两点间的电压等于两点间任一条路径经过的各元件电压的代数和（电路中任意两点的电压与绕行路径无关）。这种方法求复杂电路中任意两点间的电压是很方便的。

2.4.4　支路电流法

在图 2-38 所示的电路，若利用欧姆定律和串、并联电路的特点及其计算公式是无法求解该电路的，如何来求解该电路呢？可利用基尔霍夫定律求解此类复杂电路，利用基尔霍夫定律求解电路的方法叫作支路电流法。

支路电流法求解电路的一般步骤：

1）假设各支路电流及其参考方向，并在电路图上标示出。

注意：一条支路只有一个电流。

2）根据 KCL 列出节点电流方程。

注意：对于 n 个节点，只能列写（$n-1$）个独立节点方程式。

例如列出图 2-44 所示 A、B 节点的 KCL 方程：
节点 A：$I_1 + I_2 = I_3$
节点 B：$I_3 = I_1 + I_2$

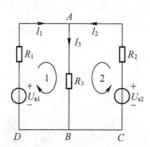

图 2-44　基尔霍夫电压定律示例图 4

上述两个方程实际是一样的，对列方程组来说，只需保留一个方程即可。

3）选取独立回路，指定其回路绕行方向，根据 KVL 列写独立电压方程式。

注意：列写电压方程同样可能出现重复方程，为保证列出来的方程具有独立性，每写一个方程都应包含有新的支路。一个电路有几个网孔，就有几个独立的电压方程。

4）联立方程，代入已知量，解方程组，求出各支路电流，并确定各支路电流（电压）的实际方向。如需要，再进一步求其他物理量。

【例 2-2】　如图 2-44 所示电路，已知 $U_{S1}=18V$，$U_{S2}=9V$，$R_1=R_2=1\Omega$，$R_3=4\Omega$，求各支路电流。

解：假设各支路电流如图 2-44 所示。
根据 KCL 列电流方程：
节点 A：$I_1 + I_2 = I_3$　　①
设各回路绕行方向如图 2-44 所示，根据 KVL 列电压方程：
回路 1：$I_1R_1 + I_3R_3 = U_{S1}$　　②
回路 2：$I_2R_2 + I_3R_3 = U_{S2}$　　③
联立方程①~③，并代入各已知量得：

$$\begin{cases} I_1 + I_2 - I_3 = 0 \\ I_1 + 4I_3 = 18 \\ I_2 + 4I_3 = 9 \end{cases}$$

解方程组得

$$\begin{cases} I_1 = 6A \\ I_2 = -3A \\ I_3 = 3A \end{cases}$$

负号表示电流方向与假设的相反。

2.4.5 基尔霍夫定律验证

1. 任务目标
1）验证基尔霍夫定律的正确性，加深对基尔霍夫定律的理解。
2）进一步掌握电压表、电流表的使用。

2. 学生工作页

课题序号		日　期		教　室	
课题名称		基尔霍夫定律验证		任务课时	2

1. 准备知识

基尔霍夫定律是电路的基本定律。测量某电路的各支路电流及每个元件两端的电压，应能分别满足基尔霍夫电流定律（KCL）和电压定律（KVL）。即对电路中的任一个节点而言，应有 $\sum I = 0$；对任何一个闭合回路而言，应有 $\sum U = 0$。运用上述定律时必须注意各支路或闭合回路中电流的正方向，此方向可预先任意设定。

2. 训练内容

1）应用基尔霍夫定律检查实验数据的合理性，加深对电路定律的理解。
2）学会用电流插头、插座测量各支路电流。

3. 材料及工具

材料及工具见表2-7。

表2-7　材料及工具

序号	名　称	型号与规格	数量	备注
1	可调直流稳压电源	0～30V可调	二路	
2	万用表		1	自备
3	直流数字电压表	0～200V	1	
4	直流数字毫安表	0～2000mA	1	
5	电阻实验箱（在面包板上搭接也可以）			HE-11
6	电流插座		3	

4. 训练步骤

1）实验前先任意设定3条支路和3个闭合回路的电流正方向。图2-45中的 I_1、I_2、I_3 的方向已设定。3个闭合回路的电流正方向可设为 $ADEFA$、$BADCB$ 和 $FBCEF$。

2）应用电工实验台的电阻箱和连接线等，按图2-45连接好。

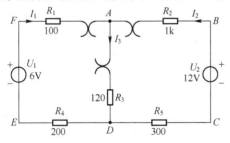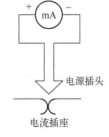

图2-45　基尔霍夫定律验证

3）分别将两路直流稳压源接入电路，令 U_1=6V，U_2=12V。

4）熟悉电流插头的结构，将电流插头的两端接至数字毫安表的"＋""－"两端。

5）将电流插头分别插入 3 条支路的 3 个电流插座中，读出并记录电流值。

6）用直流数字电压表分别测量两路电源及电阻元件上的电压值并记录。

7）将测试数据记录表 2-8 中，并计算相对误差。

注：没有电工实验台的，也可以用直流稳压源、普通电阻、数字万用表、面包板来实施。

表 2-8 基尔霍夫定律测试数据

测量项目	I_1/mA	I_2/mA	I_3/mA	U_1/V	U_2/V	U_{FA}/V	U_{AB}/V	U_{AD}/V	U_{CD}/V	U_{DE}/V
计算值										
测量值										
相对误差										

5. 实验注意事项

1）需用到电流插座。

2）所有需要测量的电压值，均以电压表测量的读数为准。U_1、U_2 也需测量，不应取电源本身的显示值。

3）防止稳压电源两个输出端碰线短路。

4）用数显电压表或电流表测量，则可直接读出电压或电流值。但应注意：所读得的电压或电流值的正确正、负号应根据设定的电流参考方向来判断。

6. 实验报告

1）根据实验数据，选定节点 A，验证 KCL 的正确性。

2）根据实验数据，选定实验电路中的任一个闭合回路，验证 KVL 的正确性。

3）误差原因分析。

3．工作任务评价表

组别 _____ 姓名 _____ 学号 _____

		工 作 质 量			
序号	考核项目	评 分 标 准	配分	扣分	得分
1	电流插座的使用	1）使用方法不正确扣 10 分 2）不文明作业扣 5 分	15		
2	电路的连接	1）电压源输出电压调节时未用电压表测量扣 10 分 2）电路未按图示参考方向连接，每处扣 5 分 3）元件选用错误每处扣 5 分	45		
3	电路的测量	电压、电流测量方法、数据错误每处扣 5 分。	30		
4	安全文明操作	1）违反操作流程扣 5 分 2）工作场地不整洁扣 5 分	10		
	备注	合计	100		
		汇 总 得 分			
	工作行为 100 分（50%）	工作质量 100 分（50%）		总得分 100 分	
组长评分					
教师评分					
说明：① 工作行为部分主要由小组长评定，实行百分制，教师有权特别处理。 ② 工作质量部分主要由教师抽查评定，实行百分制，其他组员成绩与抽查同学得分相同。 ③ 教师具有否定权，最后总得分以教师评分为准。					

2.4.6 电阻的串联、并联和混联

1. 等效电路的基本概念

在电路分析中，总有许多个电阻连接在一起使用。连接的方式多种多样，最常见的是串联、并联和串并联组合。这些组合有时候比较复杂，分析起来比较困难，可以用等效变换的方法予以简化。

电路的等效一般都是针对二端网络而言的。只有两个端钮与其他电路相连接的网络，称为二端网络，如图 2-46 所示。如果二端网络 N 内部含有电源，称为有源二端网络；如果二端网络 N 内部不含电源，则称为无源二端网络。一个二端网络的特性可以由其端口电压 U 和电流 I 之间的关系来表征。如果一个二端网络的端口电压、电流关系与另一个端口网络的电压、电流关系相同，则称其互为等效二端网络或等效电路。等效电路的内部结构虽然不同，但对外部而言，电路影响完全相同，因此，可以用一个简单的等效电路代替原来较复杂的网络，将电路简化。

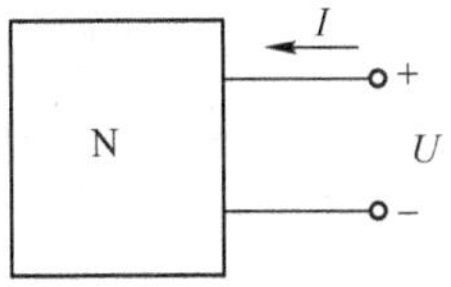

2. 电阻串联

在电路中，几个电阻首尾依次相接，各电阻流过同一电流的连接方式，称为电阻的串联。图 2-47a 所示是 3 个电阻的串联，它的特点是 3 个电阻首尾相接，中间没有分支。图 2-47b 是它的等效电阻。

（1）电阻串联电路中各电阻的电流关系

图 2-46　二端网络

由于串联电路没有分支，因此，串联电路电流处处相等。

（2）串联电路的等效电阻

设各电压和电流参考方向如图 2-47a 所示。

根据 KVL 定理可得 $U = U_1 + U_2 + U_3$

代入电阻的伏—安关系，得：$U = IR_1 + IR_2 + IR_3 = I(R_1 + R_2 + R_3)$

用一个电阻 R 代替电阻串联网络，同样设电压与电流为关联方向，如图 2-47b 所示，则 $U = IR$，两者等效，则有：$R = R_1 + R_2 + R_3$。

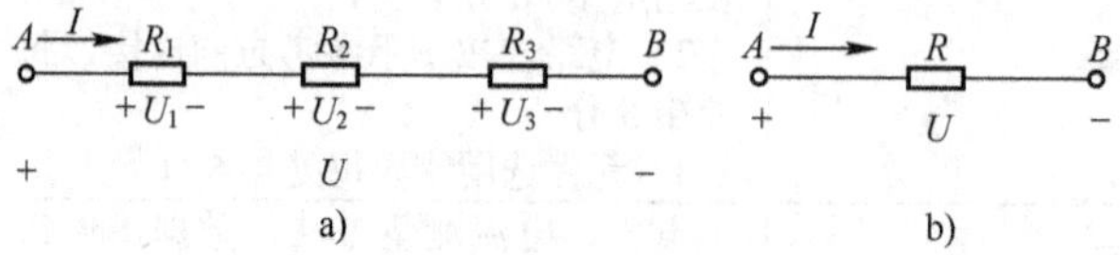

图 2-47　电阻的串联

a) 3 个电阻串联　b) 等效电阻

通过以上分析，可得出结论：电阻串联电路的等效电阻等于各串联电阻之和。

（3）电阻串联电路中各电阻的电压关系

因为：$U_1 : U_2 : U_3 : U = IR_1 : IR_2 : IR_3 : IR = R_1 : R_2 : R_3 : R$

可得出结论：在电阻串联时，当外加电压一定时，各电阻上的电压与其电阻值成正比。

因为：

$$\frac{U_1}{U} = \frac{R_1}{R}$$

得：

$$U_1 = \frac{U}{R} R_1 = \frac{U}{R_1 + R_2 + R_3} R_1 \tag{2-28}$$

同理，有：

$$U_2 = \frac{U}{R} R_2, \quad U_3 = \frac{U}{R} R_3 \tag{2-29}$$

上列关系式称为分压公式。

（4）电阻串联电路中各电阻的功率关系

因为：

$$P_1 : P_2 : P_3 : P = I^2 R_1 : I^2 R_2 : I^2 R_3 : I^2 R = R_1 : R_2 : R_3 : R \tag{2-30}$$

可得出结论：在电阻串联时，各电阻所消耗功率与其电阻值成正比。

（5）电阻串联的应用

1）简化电路。分析电路时，几个电阻串联的网络可以用一个等效电阻代替。

2）增大电阻。若一个电阻阻值太小（或电阻上电流太大）可串联一个适当的电阻，增大阻值（或减小电流）。

3）限流。若一个支路电阻是可变的，为防止电阻值变化时引起短路，可串一个适当电阻起限流作用，如图 2-48a 所示，R_w 为可变电阻，R 为限流电阻。

4）取样。要取出某个电阻上的一部分电压，可把电阻分成适当比例的两个电阻，取出所需电压。若要求输出电压可变，可用可变电阻 R_W 代替。如图 2-48b、c 所示。

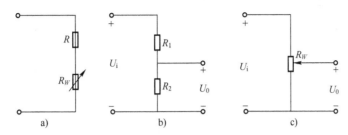

图 2-48　电阻的限流和取样作用

5）电压表量程的扩大。可以通过将电压表与电阻串联的方式来实现。

3. 电压表量程扩展

电阻的串联可以实现扩大电压表的量程，例 2-3 就是一个典型的应用。万用表中测量电压的量程档位也是通过串联不同的电阻来实现的。

【例 2-3】 如图 2-49 所示，欲将量程为 5V，内阻为 10kΩ 的电压表改装成为量程分别为 5V/50V/100V 的多量程电压表，求所需串联电阻的阻值。

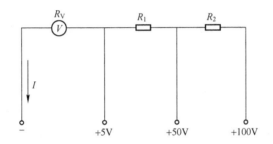

图 2-49　电压表量程的扩大

解： 设为了达到 50V 量程需串联电阻 R_1，达到 100V 量程需再串联电阻 R_2。
表头允许通过的电流为：

$$I = \frac{U_V}{R_V} = \frac{5}{10 \times 10^3} A = 0.5 mA$$

对于 50V 的量程来说，分压电阻为 R_1，则：

$$R_1 = \frac{50 - 5}{0.5 \times 10^{-3}} \Omega = 90 k\Omega$$

对于 100V 的量程来说，分压电阻为（$R_1 + R_2$），则：

$$R_2 = \frac{100 - 50}{0.5 \times 10^{-3}} \Omega = 100 k\Omega$$

4. 电阻并联

在电路中，若干个电阻的首尾端分别相连，各电阻处于同一电压下的连接方式，称为电阻的并联。下面以两个电阻并联电路为例来讨论。如图 2-50a 所示，为两电阻并联的电路。

（1）电阻并联电路中各电阻的电压关系

根据电阻并联的概念可知，并联电路中各电阻两端的电压相等。

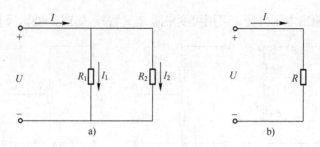

图 2-50　电阻的并联

（2）电阻并联的等效电阻

设电压和各电流参考方向如图 2-50a（关联方向）所示，根据 KCL，得：

$$I = I_1 + I_2$$

代入电阻的伏安关系，得：

$$I = \frac{U}{R_1} + \frac{U}{R_2} = U\left(\frac{1}{R_1} + \frac{1}{R_2}\right)$$

用一个电阻 R 代替电阻并联网络，同样设电压、电流为关联方向，如图 2-50b 所示，则 $I = U/R$。

因为两个网络的电压、电流关系均一致，所以两个网络相互等效，则有：

$$\frac{1}{R} = \frac{1}{R_1} + \frac{1}{R_2}$$

由以上分析，可得出结论：电阻并联电路的等效电阻的倒数等于各电阻倒数之和。

由上式很容易得出：电阻并联的等效电阻比任何一个分电阻都小。

对上式进行变换，得：

$$R = \frac{R_1 R_2}{R_1 + R_2}$$

在电阻的并联电路中有几种特殊的情况：

若 $R_1 = 0$（短路），则等效电阻 $R = 0$（短路）；

若 $R_1 = \infty$（开路），则等效电阻 $R = R_2$；

若 $R_1 = R_2$，则等效电阻 $R = \dfrac{R_1}{2} = \dfrac{R_2}{2}$。

（3）并联电路中各电阻的电流关系

因为：

$$I_1 : I_2 : I = \frac{U}{R_1} : \frac{U}{R_2} : \frac{U}{R} = \frac{1}{R_1} : \frac{1}{R_2} : \frac{1}{R}$$

可得出结论：各电阻上电流之比与各电阻倒数成正比。在并联电路只有两个电阻的情况下也可说成是两电阻电流之比与电阻成反比。

因为：

$$\frac{I_1}{I} = \frac{R}{R_1}$$

所以有：

$$I_1 = \frac{IR}{R_1} = \frac{I}{R_1 + R_2} R_2 \qquad (2-31)$$

同理，有：

$$I_2 = \frac{IR}{R_1} = \frac{I}{R_1 + R_2} R_1 \qquad (2-32)$$

通常把上述两式称为并联电路的分流公式。分流公式表明，在并联电路中，阻值越大的电阻分配到的电流越小，阻值越小的电阻分配到的电流越大，这就是并联电阻电路的分流原理。分流公式是最常用又容易弄错的公式之一，希望认真分清并记住。

（4）并联电路中各电阻功率关系

因为

$$P_1 : P_2 : P = \frac{U^2}{R_1} : \frac{U^2}{R_2} : \frac{U^2}{R} = \frac{1}{R_1} : \frac{1}{R_2} : \frac{1}{R} \qquad (2-33)$$

可得出结论：各电阻功率关系同样与电阻倒数成正比。如果两个电阻，也可说成是功率与电阻成反比，即：

$$\frac{P_1}{P_2} = \frac{R_2}{R_1}$$

（5）并联网络的应用

1）分析电路时，几个电阻并联网络，可以用一个等效电阻代替。

2）电阻并联的等效电阻小于分电阻。在需要减少原电阻为某一数值时，只要在其两端并联一适当的电阻即可。如图2-51a中虚线所示。

3）分流。利用并联电阻可分得原电路电流一部分，如图2-51b中，R_2上电流I_2是I的一部分。

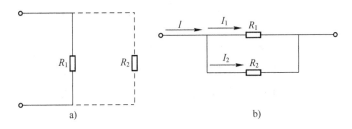

图2-51　电阻并联的应用

4）扩大电流表的量程。可以通过将电流表与电阻并联的方式来实现。

5）并联供电。工业用电和家庭用电的用电器是按供电电压设计的，同时使用多个用电器时，要做到每个用电器的电压一样，只能采用并联供电的方式。并联供电的另一优点是：各用电器可单独控制，互不影响。

同是电阻负载的用电器并联工作时，功率大的为重负载，其电阻小，而功率小的为轻负载，其电阻大。

如果电阻并联网络是由3个或3个以上电阻组成，则其等效电阻表达式为：

$$\frac{1}{R} = \frac{1}{R_1} + \frac{1}{R_2} + \frac{1}{R_3} + \cdots\cdots$$

5. 电流表量程扩展

电阻的并联可以实现扩大电流表的量程，例题 2-4 就是一个典型的应用，万用表中测量电流的量程档位也是通过并联不同的电阻来实现的。

【例 2-4】 如图 2-52 所示，欲将内阻为 2kΩ，满偏电流为 50μA 的表头，改装成为量程为 10mA 的直流电流表，应并联多大的分流电阻？

解： 依题意：

$$I_A = 50\mu A, \quad R_A = 2k\Omega, \quad I = 10mA$$

则通过分流电阻 R 的电流为：

$$I_R = I - I_A = (10 \times 10^{-3} - 50 \times 10^{-6})A = 9.95 \times 10^{-3}A$$

由分流公式可得：

$$\frac{I_A}{I_R} = \frac{R}{R_A}$$

所以：

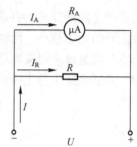

图 2-52 电流表量程的扩大

$$R = \frac{I_A}{I_R}R_A = \frac{50 \times 10^{-6}}{9.95 \times 10^{-3}} \times 2000\Omega = 10.05\Omega$$

6. 电阻混联

当电路中既含有电阻串联结构，又含有电阻并联结构时，称为电阻的混联。电阻的混联网络比较复杂，分析起来比较困难，可以采用等效变换的原则予以简化，以便分析。二端电阻混联网络简化的基本思路是：利用电阻串联、并联等效电阻原理，逐步进行化简，直到最简形式——单个电阻为止。具体做法是：

1）看电路的结构特点，正确判断电阻的连接关系。若几个电阻是首尾相连，流过的是同一个电流，则为串联结构；若几个电阻是首尾各自相连，各电阻承受的是同一电压，则为并联结构。

2）将所有无电阻的导线连接点用节点表示。

3）对电路连接变形，即在不改变电路连接关系的前提下，可以根据需要对电路作扭动变形、改画电路，以便更清楚地表示出各电阻的串、并联关系。如左边的支路可以扭动到右边，上面的支路可以翻到下面，弯曲的支路可以拉直，对电路中的短路线可以任意压缩与拉伸，对多点接地的点可以用短路线相连，通过这些做法，一般情况下，都可以判别出电路的串并联关系。

混联电阻网络的化简（一）如图 2-53 所示，图 2-53a 为原图，图 2-53b、c 为逐步简化的中间步骤，图 2-53d 为最终结果。

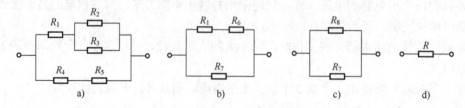

图 2-53 混联电阻网络的化简（一）

图中， $R_6 = \dfrac{R_2 R_3}{R_2 + R_3}$ $R_7 = R_4 + R_5$ $R_8 = R_1 + R_6$ $R = \dfrac{R_7 R_8}{R_7 + R_8}$

简化混联电路的难点在于，如何判定哪些电阻是串联的，哪些电阻是并联的。不易判断串并联关系的混联电路如图 2-54 所示，初学者往往难以判定。

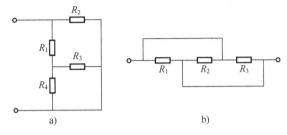

图 2-54　不易判断串并联关系的混联电路

这里介绍一种易学的判定方法：第一步把两个端点整理在两边（上与下，或左与右），第二步把电阻改画为同方向排列，假设有电流从一端流入，并让流过各电阻的电流为同一方向（都是从上到下，或都是从左到右）。这种方法简单叙述为"端点分两边，电流顺向流"。

图 2-54a 所示电路的改画步骤如图 2-55 所示。

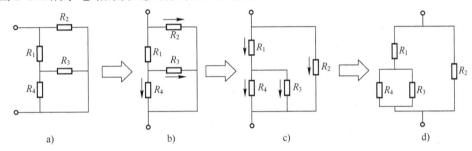

图 2-55　混联电阻网络的化简（二）

其中，图 2-55 所示为混联电阻网络的化简（二），图 2-55a 为原图，图 2-55b 中把端点改为上与下。这时各电阻电流方向（图中箭头所示）不是同一方向，改画为图 2-55c 形式，电流同一方向了，则很容易得到最后形式图 2-55d 了。图 2-54b 所示电路的改画步骤如图 2-56 所示。

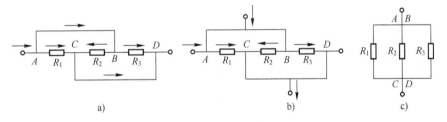

图 2-56　混联电阻网络的化简（三）

其中，图 2-56 所示为混联电阻网络的化简（三），图 2-56a 为原图，端点虽然已在两边，但各电阻电流方向是相背的，这时可先把端点改在上、下两端，然后再把电阻的同是电流流入端的 A 和 B 往上提，同是电流流出端的 C 和 D 往下拉，就成为图 2-56c 的简单明了的形式。

图 2-57 所示为混联电阻网络的化简（四）。在改画时，如果遇到有的电阻是空中交叉的，如图 2-57a 所示，应先把交叉的电阻改画为平面结构，如图 2-57b 所示，再用上述方法

进行简化。

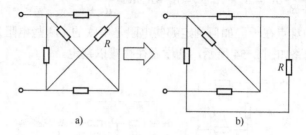

图 2-57 混联电阻网络的化简（四）

2.4.7 叠加定理

电路元件有线性和非线性之分，线性元件的参数是常数，由线性元件组成的电路为线性电路。叠加定理是反映线性电路基本性质的重要原理。

1. 叠加定理的内容

一个线性电路如果有若干个电源共同作用时，各支路的电流（或电压）等于各个电源单独作用时在该支路产生的电流（或电压）的代数和（叠加），这就是叠加定理。

2. 叠加定理的应用

应用叠加定理时，必须注意以下几点：

1）叠加定理只能计算线性电路的电流和电压。

2）当某一个独立电源单独作用时，其他独立电源应为零值，独立电压源为零值时用短路代替，独立电流源为零值用开路代替。

3）叠加时要注意电压和电流的参考方向，并相应地决定它们的正、负号，若该分量的参量方向与原电路中该对应量的参考方向一致，则取正，否则取负。

4）由于电功率不是电压、电流的一次函数，所以叠加定理不能用来求功率。

【例 2-5】 如图 2-58a 所示电路，已知 $R_1=6\Omega$，$U_S=12V$，$R=12\Omega$，$I_S=10A$，应用叠加定理求 I_1、I、U_{ab}。

解： 根据叠加定理作出电压源单独作用的电路图（见图 2-58b）和电流源单独作用的电路图（见图 2-58c）

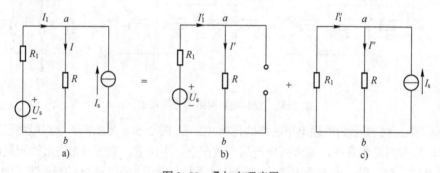

图 2-58 叠加定理应用

a) 原图　b) 电压源单独作用　c) 电流源单独作用

由图 2-58b 可得：

$$I_1' = I' = U_S /(R_1 + R) = 12/(6+12)\text{A} = 2/3\,\text{A}$$

$$U_{ab}' = I'R = (2/3) \times 12\text{V} = 8\,\text{V}$$

由图 2-58c 可得：

$$I_1'' = -I_S R /(R_1 + R) = -10 \times 12/(6+12)\text{A} = 20/3\,\text{A}$$

$$I'' = I_S R_1 /(R_1 + R) = 10 \times 6/(6+12)\text{A} = 10/3\,\text{A}$$

$$U_{ab}'' = I''R = 10 \times 12/3\text{V} = 40\,\text{V}$$

$$\therefore\ I_1 = I_1' + I_1'' = (2/3 - 20/3)\text{A} = -6\,\text{A}$$

$$I = I' + I'' = (2/3 + 10/3)\text{A} = 4\,\text{A}$$

$$U_{ab} = U_{ab}' + U_{ab}'' = (8+40)\text{V} = 48\,\text{V}$$

2.4.8 戴维南定理

对电路的分析有时只需求出某一支路的电流，而无需将所有支路的电流求出，在这种情况下，应用戴维南定理来求解是很方便的。

1. 戴维南定理的内容

含独立源的线性二端电阻网络，对其外部而言，都可以用电压源和电阻串联组合等效代替；该电压源的电压等于该二端网络的开路电压，该电阻等于该二端网络内部所有独立源作用为零（即电压源短路，电流源开路）情况下的网络的等效电阻，这就是戴维南定理。用戴维南定理求得的等效串联模型称为戴维南等效电路，此过程可用图 2-59a 表示；电压源的电压等于该网络 N 的开路时的电压 U_{OC}，如图 2-59b 所示，串联电阻 R_0 等于该网络内所有独立电源为零值时所得网络 N_0 的等效电阻，如图 2-59c 所示。

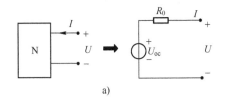 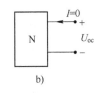 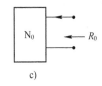

图 2-59 戴维南定理表示图

2. 戴维南定理的应用

应用戴维南定理进行解题的步骤及注意事项。

1）把待求支路从电路中移开，把剩下的二端网络作为研究对象。

2）求 U_{OC}。要注意开路电压的参考方向，同时应注意待求支路一经断开，即不存在分流问题。

3）求 R_0。注意所有的独立源必须为零，即电压源短路，电流源开路。

4）画出戴维南等效电路，并与待求支路相连，求解待求量。

【例 2-6】 电路如图 2-60 所示，用戴维南定理求电流 I。

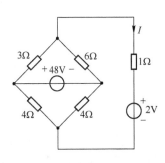

图 2-60 戴维南定理的应用

解：1）求开路电压 U_{OC}。将电流 I 的支路从电路中断开，得到单口网络如图 2-61a 所示。

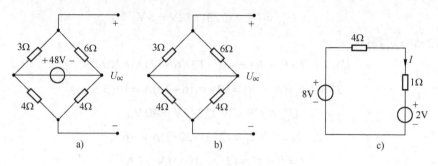

图 2-61　例 2-6 图

根据分压公式，得：

$$U_{OC} = \left(\frac{6}{3+6} \times 48 - \frac{4}{4+4} \times 48\right)V = 8V$$

2）求戴维南等效电阻 R_0。相应的电路如图 2-61b 所示。

$$R_0 = \left(\frac{3 \times 6}{3+6} + \frac{4 \times 4}{4+4}\right)\Omega = 4\Omega$$

3）求电流 I。作戴维南等效电路，将待求的支路接入，如图 2-61c 所示。

$$I = \frac{8-2}{4+1}A = \frac{6}{5}A = 1.2A$$

2.4.9　最大功率传输定理

在分析电路系统的功率传输时，需要考虑两个方面的问题：一是功率传输的效率，如发电站系统，如果发电站系统效率低，则产生的功率有很大的比例损耗在传输和分配过程，将造成电能的浪费；二是考虑负载所获得的最大功率，如测量、通信系统中，由于是小功率传输，传输的效率不是主要关心的问题，但由于有用功率受到限制，因此，需要将尽可能多的功率传输到负载上。

本节考虑纯电阻电路系统的最大功率传输，电路模型如图 2-62a 所示。

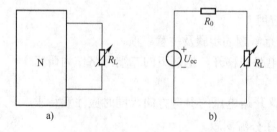

图 2-62　最大功率传输定理

电阻 R_L 表示获得能量的负载，网络 N 表示供给负载能量的含源线性单口网络，它可用戴维南等效电路来表示，如图 2-62b 所示，负载 R_L 吸收的功率为：

$$P = R_L I^2 = \frac{R_L U_{oc}^2}{(R_0 + R_L)^2} = \frac{R_L U_{oc}^2}{(R_0 - R_L)^2 + 4R_0 R_L} = \frac{U_{oc}^2}{\dfrac{(R_0 - R_L)^2}{R_L} + 4R_0}$$

由上式可见：负载 R_L 吸收的功率 P 获得最大值的条件为：$R_L = R_0$

负载 R_L 获得的最大功率：

$$P_{max} = \frac{U_{oc}^2}{4R_0}$$

1. 最大功率传输定理

最大功率传输定理：含源线性电阻单口网络向可变电阻负载 R_L 传输最大功率的条件是，负载电阻 R_L 与单口网络的输出电阻 R_0 相等。此时负载电阻 R_L 获得的最大功率为：

$$P_{max} = \frac{U_{oc}^2}{4R_0} \tag{2-34}$$

负载获得最大功率也称为最大功率匹配，此时对电压源 U_{oc} 而言，功率传输效率为 50%。

2. 匹配状态

通常把负载电阻等于电源内阻时的电路工作状态称为匹配状态。应当注意的是，不要把最大功率传输定理理解为要使负载功率最大，应使实际电源的等效内阻 R_0 等于 R_L。必须指出：由于 R_0 为定值，要使负载获得最大功率，必须调节负载电阻 R_L（而不是调节 R_0）才能使电路处于匹配工作状态。

【例 2-7】 电路如图 2-63a 所示，试求：1）负载电阻 R_L 的阻值为多少时，可获得最大功率？2）可获得的最大功率为多少？

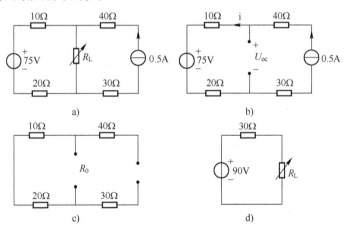

图 2-63　最大功率传输定理的应用

解： 将负载电阻 R_L 从电路中移除，电路见图 2-63b。求剩余电路的戴维南等效电路。

1）求开路电压 U_{oc}。

$$U_{oc} = (10 \times 0.5 + 75 + 20 \times 0.5)V = 90V$$

2）求戴维南等效电阻 R_0 电路如图 2-63c 所示，有：

$$R_0 = (10 + 20)\Omega = 30\Omega$$

根据最大功率传输定理，当 $R_L = R_0 = 30\Omega$ 时，负载电阻 R_L 可获得最大功率，可获得的最大功率为：

$$P_{\max} = \frac{U_{oc}^2}{4R_0} = \frac{90^2}{4 \times 30}W = 67.5W$$

2.4.10 戴维南定理验证

1. 任务目标

1）验证戴维南定理的正确性，加深对该定理的理解。

2）掌握测量有源二端网络等效参数的一般方法。

2. 学生工作页

课题序号		日 期		教 室	
课题名称		戴维南定理验证		任务课时	2
任务器材	任务器材见表2-9 **表2-9 任务器材**<table><tr><td>序号</td><td>名 称</td><td>型号与规格</td><td>数量</td><td>备注</td></tr><tr><td>1</td><td>可调直流稳压电源</td><td>0～30V</td><td>1</td><td></td></tr><tr><td>2</td><td>可调直流恒流源</td><td>0～500mA</td><td>1</td><td></td></tr><tr><td>3</td><td>直流数字电压表</td><td>0～200V</td><td>1</td><td></td></tr><tr><td>4</td><td>直流数字毫安表</td><td>0～2000mA</td><td>1</td><td></td></tr><tr><td>5</td><td>万用表</td><td></td><td>1</td><td>自备</td></tr><tr><td>6</td><td>可调电阻箱</td><td>0～99999.9Ω</td><td>1</td><td>HE-19</td></tr><tr><td>7</td><td>电位器</td><td>1kΩ/2W</td><td>1</td><td>HE-19</td></tr><tr><td>8</td><td>戴维南定理实验电路板</td><td></td><td>1</td><td>HE-12</td></tr></table>					

1. 准备知识

（1）任何一个线性含源网络，如果仅研究其中一条支路的电压和电流，则可将电路的其余部分看作是一个有源二端网络（或称为含源一端口网络）。

戴维南定理指出：任何一个线性有源网络，总可以用一个电压源与一个电阻的串联来等效代替，此电压源的电动势 U_s 等于这个有源二端网络的开路电压 U_{oc}，其等效内阻 R_0 等于该网络中所有独立源均置零（理想电压源视为短接，理想电流源视为开路）时的等效电阻。

U_{oc}（U_s）和 R_0 或者 I_{SC}（I_S）和 R_0 称为有源二端网络的等效参数。

（2）有源二端网络等效参数的测量方法

1）开路电压、短路电流法测 R_0。

在有源二端网络输出端开路时，用电压表直接测其输出端的开路电压 U_{oc}，然后再将其输出端短路，用电流表测其短路电流 I_{sc}，则等效内阻为：

$$R_0 = \frac{U_{OC}}{I_{SC}}$$

如果二端网络的内阻很小，若将其输出端口短路则易损坏其内部元件，因此不宜用此法。

2）伏安法测 R_0。

用电压表、电流表测出有源二端网络的外特性曲线，如图 2-64 所示。根据外特性曲线求出斜率 $\tan\phi$，则内阻：

$$R_0 = \tan\phi = \frac{\Delta U}{\Delta I} = \frac{U_{OC}}{I_{SC}}$$

也可以先测量开路电压 U_{OC}，再测量电流为额定值 I_N 时的输出。

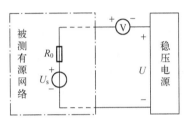

图 2-64　有源三端网络的外特性曲线

3）半电压法测 R_0。

半压法测 R_0 如图 2-65 所示，当负载电压为被测网络开路电压的一半时，负载电阻（由电阻箱的读数确定）即为被测有源二端网络的等效内阻值。

4）零示法测 U_{OC}。

在测量具有高内阻有源二端网络的开路电压时，用电压表直接测量会造成较大的误差。为了消除电压表内阻的影响，往往采用零示测量法，如图 2-66 所示。

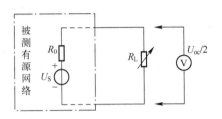

图 2-65　半压法测 R_0

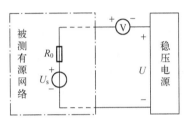

图 2-66　零示测量法

零示法测量原理是用一低内阻的稳压电源与被测有源二端网络进行比较，当稳压电源的输出电压与有源二端网络的开路电压相等时，电压表的读数将为"0"。然后将电路断开，测量此时稳压电源的输出电压，即为被测有源二端网络的开路电压。

2. 训练内容

1）应用戴维南定理检查实验数据的合理性，加深对电路定理的理解。

2）学会用开路电压、短路电流法测 R_0。

3）学会用伏安法测 R_0。

4）学会用半电压法测 R_0。

5）学会用零示法测 U_{OC}。

3. 材料及工具

可调直流稳压电源、可调直流恒流源、直流数字电压表、直流数字毫安表、万用表、可调电阻箱、电位器及戴维南定理实验电路板。

4. 训练步骤

被测有源二端网络见图 2-67a。

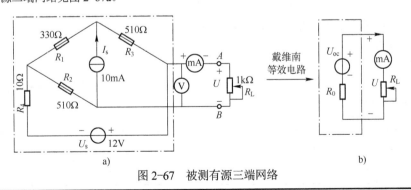

图 2-67　被测有源三端网络

1）用开路电压、短路电流法测定戴维南等效电路的 U_{OC}、R_0 和诺顿等效电路的 I_{SC}、R_0。按图 2-67a 接入稳压电源 U_S=12V 和恒流源 I_S=10mA，不接入 R_L。测出 U_{OC} 和 I_{SC},并计算出 R_0,填入表 2-10 中。（测 U_{OC} 时，不接入毫安表。）

表 2-10　U_{OC}、I_{SC}、R_0 数据

U_{OC}/V	I_{SC}/mA	R_0/Ω

2）负载实验。

按图 2-67a 接入 R_L。改变 R_L 阻值，测出电压及电流值，填入表 2-11 中，绘制外特性曲线。

表 2-11　测电压、电流值数据

R_L/Ω	100	200	300	400	500	600	700	800	1000
U/V									
I/mA									

3）验证戴维南定理：从电阻箱上取得按步骤"1"所得的等效电阻 R_0 之值， 然后令其与直流稳压电源（调到步骤"1"时所测得的开路电压 U_{OC} 之值）相串联，如图 2-67b 所示，仿照步骤"2"测其外特性，并填入表 2-12 中，对戴氏定理进行验证。

表 2-12　测电压、电流数据（二）

R_L/Ω	100	200	300	400	500	600	700	800	1000
U/V									
I/mA									

4）有源二端网络等效电阻（又称入端电阻）的直接测量法，见图 2-67a。将被测有源网络内的所有独立源置零（去掉电流源 I_S 和电压源 U_S，并在原电压源所接的两点用一根短路导线相连），然后用伏安法或者直接用万用表的欧姆档去测定负载 R_L 开路时 A、B 两点间的电阻，此即为被测网络的等效内阻 R_0，或称网络的入端电阻 R_i。

5）用半电压法和零示法测量被测网络的等效内阻 R_0 及其开路电压 U_{OC}。

5．实验注意事项

1）测量时应注意电流表量程的更换。

2）步骤"4"中，电压源置零时不可将稳压源短接。

3）万用表直接测 R_0 时，网络内的独立源必须先置零，以免损坏万用表。其次，欧姆档必须经调零后再进行测量。

4）用零示法测量 U_{OC} 时，应先将稳压电源的输出调至接近于 U_{OC}，再按图 2-66 测量。

5）改接线路时，要关掉电源。

6．实验报告

根据步骤 2）、3），分别绘出曲线，验证戴维南定理的正确性，并分析产生误差的原因，分析用各种方法的基本原理与区别。

3．工作任务评价表

组别_____姓名_____学号_____

工 作 质 量

序号	考核项目	评 分 标 准	配分	扣分	得分
1	电路的连接	（1）电压源输出电压调节时未用电压表测量扣 10 分 （2）电路未正确连接，每处扣 5 分 （3）电压表、电流表未正确选用量程，每处扣 5 分 （4）元件选用错误每处扣 5 分	50		
2	电路的测量	（1）电压、电流测量方法、数据错误每处扣 5 分 （2）用开路电压、短路电流法测 R_0 错误扣 5 分 （3）用伏安法测 R_0 错误扣 5 分 （4）用半电压法测 R_0 错误扣 5 分 （5）用零示法测 U_{OC} 错误扣 5 分	40		
3	安全文明操作	（1）违反操作流程扣 5 分 （2）工作场地不整洁扣 5 分	10		
	备　　注	合　计	100		

汇 总 得 分

	工作行为 100 分（50%）	工作质量 100 分（50%）	总得分 100 分
组长评分			
教师评分			

说明：① 工作行为部分主要由小组长评定，实行百分制，教师有权特别处理。
② 工作质量部分主要由教师抽查评定，实行百分制，其他组员成绩与抽查同学得分相同。
③ 教师具有否定权，最后总得分以教师评分为准。

2.4.11　指针式万用表电路分析与计算

万用表的基本原理是利用一只灵敏的磁电式直流电流表（微安表）做表头。当微小电流通过表头，就会有电流指示。但表头不能通过大电流，所以，必须在表头上并联或串联一些电阻进行分流或降压，从而测出电路中的电流、电压和电阻。MF47 指针式万用表整体电路原理图如图 2-18 所示，可以进行直流电流测量、直流电压测量、交流电压测量以及电阻测量等。

1．直流电流测量电路

分析 MF47 指针式万用表的原理图，其直流电流测量部分的电路如图 2-68 所示，可以进一步简化，变成图 2-69 所示的直流电流测量简化电路，分析图 2-69 就变得相对简单。

根据万用表档位开关的结构以及测量的电路可以分析测量 0.05mA 档位的电流走向如图 2-70 所示，0.5mA 档位的电流走向如图 2-71 所示。

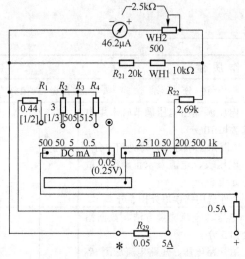

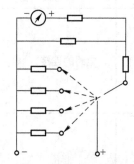

图 2-68　直流电流测量电路

图 2-69　直流电流测量简化电路

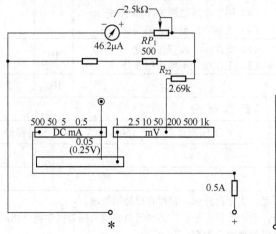

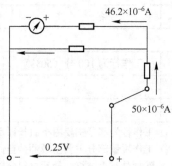

图 2-70　0.05mA 档位测量电路

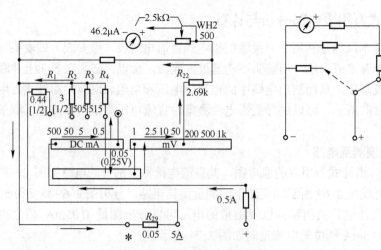

图 2-71　0.5mA 档位测量电路

74

根据图 2-68 和 MF—47 型万用表技术指标，流过表头的电流为

$$I_g = 46.2\mu A ,$$

表头内阻为
$$R_g = 2.5k\Omega$$

表笔间电压为 0.25V，则表头两端电压为：

$$2.5 \times 10^3 \times 46.2 \times 10^{-6}\,V = 0.1155V$$

由于测 0.05mA 档与测 0.25V 电压共用一档，所以 R_{22} 两端电压为：

$$(0.25 - 0.1155)V = 0.1345V$$

流过 R_{22} 的电流为 0.05mA，所以：

$$R_{22} = \frac{0.1345}{0.05 \times 10^{-3}}k\Omega = 2.69k\Omega$$

需增加分流支路 $R_{21}+R_{P1}$：

$$R_{21} + R_{P1} = \frac{0.1155}{50 - 46.2}k\Omega \approx 30k\Omega$$

测 0.5mA 档时，R_4 分支电流为：

$$(0.5 - 0.05)mA = 0.45mA$$

R_4 两端电压为 0.25V，所以：

$$R_4 = \frac{0.25}{0.45 \times 10^{-3}}\Omega = 555\Omega$$

用同样的方法可以分析计算其他档位的 R_3、R_2、R_1 的值。

2. 直流电压测量电路

指针式万用表根据电路分析，测量直流电压 0.25V 档位时，其电路与测 0.05mA 档位的电路相同。流过与表头并联支路电阻的电流为：

$$(50 \times 10^{-6} - 46.2 \times 10^{-6})\mu A = 3.8\mu A$$

两端电压为 0.1155V，则与表头并联支路的电阻为：

$$R_{21} + R_{P1} = \frac{0.1155}{0.0038 \times 10^{-3}}k\Omega \approx 30k\Omega$$

$$R_g // (R_{21} + R_{P1}) = \frac{2.5 \times 30}{2.5 + 30}k\Omega = \frac{75}{32.5}k\Omega = 2.308k\Omega$$

$$(2.308 + 2.69)k\Omega \approx 5k\Omega$$

根据指针式万用表测 0.25V 档时的技术指标要求是 20kΩ/V

$$0.25 \times 20k\Omega/V = 5k\Omega$$

所以满足技术指标要求。

测 1V 档时的直流电压测量电路如图 2-72 所示，分析得知 R_5 两端的电压为：

$$1 - 0.25V = 0.75V$$

根据表头流过的电流大小得知，流过 R_5 的电流为 0.05mA，所以：

$$R_5 = \frac{0.75V}{0.05mA} = 15k\Omega$$

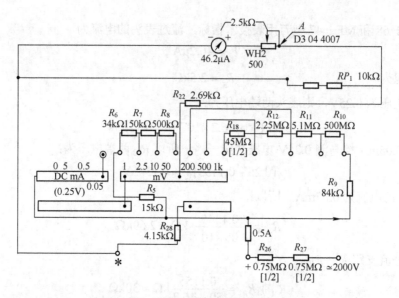

图 2-72　1V 档时的直流电压测量电路

同理可以求得其他档位的 R_6、R_7、R_8 等电阻的值。

交流电压测量电路分析方法与直流电压测量分析方法一致，差别在于需要经过二极管进行整流，另外也要注意其测量电压值的范围。

电阻测量电路，因为本身外部没有电流通入，所以必须使用内部电池作为电源，分析方法也是一样的。

2.4.12　指针式万用表装配调试任务实施

1. 任务目标

装配和调试一个合格的指针式万用表。

2. 学生工作页

课题序号		日　期		地　点	
课题名称		指针式万用表装配与调试		课　时	2

1. 训练内容

1）掌握指针式万用表的安装方法与步骤。

2）掌握万用测试档位的测试方法，并进行调试。

2. 材料及工具

万用表套件、数字万用表、调压器、直流稳压电源、电烙铁、镊子、斜口钳、尖嘴钳、螺钉旋具等。

3. 训练步骤

1）根据装配图固定 4 个支架，晶体管插座，熔丝夹，零欧姆调节电位器和蜂鸣器。

2）焊接转换开关上交流电压档和直流电压档的公共连线，各档位对应的电阻元件及其对外连线，最后焊接电池架的连线。

3）电刷的安装，应首先将档位开关旋钮打到交流 250V 档位上，将电刷旋钮安装卡转向朝上，V 形电刷有一个缺口，应该放在左下角，因为电路板的 3 条电刷轨道中间的两条间隙较小，外侧两条较大，与电刷相对应。当缺口在左下角时电刷接触点上面有两个相距较远，下面两个相距较近，一定不能放错。

电刷四周都要卡入电刷安装槽,用手轻轻按下,即可安装成功。

4)检查、核对组装后的万用表电路,底板装进表盒,装上转换开关旋钮,送指导教师检查。

5)查看自己组装的万用表的指针是否对准零刻度线,如果没有对准,则进行机械调零。然后装入一节1.5伏的二号电池和一节9V的电池。

6)档位开关旋钮打到 BUZZ 音频档,在万用表的正面插入表笔,然后将它们短接,听是否有鸣叫的声音。如果没有,则说明安装的蜂鸣器线路有问题。

7)档位开关旋钮打到欧姆档的各个量程,分别将表笔短接,然后调节电位器旋扭,观察指针是否能够指到零刻度线。

8)档位开关旋钮打到直流电压 2.5V 档,用表笔测量一节 1.5V 的电池,观察指针的偏转是否正确。

9)档位开关旋钮打到直流电压 10V 档,用表笔测量一节 9V 的电池,观察指针的偏转是否正确。

10)档位开关旋钮打到交流电压 250V 档,用表笔测量插座上的交流电压。

11)档位开关旋钮打到 * 10kΩ档,测量一个 6.75MΩ的电阻。

12)然后依次检测其他欧姆档位。

13)将万用表测试情况填入表 2-13 中。

表 2-13　万用表测试情况

序号	档位	测量对象	标称值	数字万用表测量值	刚安装的万用表测量值	调试说明

4. 课后体会

_____

_____

_____

_____

3．工作任务评价表

组别_____ 姓名_____ 学号_____

工 作 质 量

序号	考核项目	评 分 标 准	配分	扣分	得分
1	整机安装工艺	体现整体美观度，随机抽查安装步骤	20		
2	档位指标测试	1）调零是否正常 10 分 2）交流电压是否正常 10 分 3）直流电压档 10 分 4）直流电流档 10 分 5）欧姆档 20 分	60		
3	调试解决问题的能力	1）测试记录完整 10 分 2）调试过程中自行解决问题的能力 10 分	20		
	备　注	合计	100		

汇 总 得 分

	工作行为 100 分（50%）	工作质量 100 分（50%）	总得分 100 分
组长评分			
教师评分			

说明：① 工作行为部分主要由小组长评定，实行百分制，教师有权特别处理。
　　　② 工作质量部分主要由教师抽查评定，实行百分制，其他组员成绩与抽查同学得分相同。
　　　③ 教师具有否定权，最后总得分以教师评分为准。

2.5　思考与练习题

1. 什么是电路？电路由哪几部分组成？说明各部分的作用。

2. 什么是理想元件？什么是电路模型？

3. 什么是参考方向？如何选择参考方向？什么是关联参考方向？

4. 如图 2-73 电路，请问它有几个节点？几条支路？几个回路？几个网孔？

5. 如图 2-74 所示，已知 $U_{S1}=U_{S2}=17V$，$R_1=2\Omega$，$R_2=1\Omega$，$R_3=5\Omega$，求各支路电流。

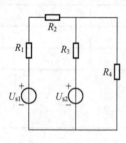

图 2-73　第 4 题图

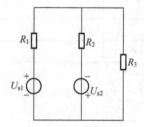

图 2-74　第 5 题图

6. 在图 2-75 所示电路中。元器件 A 吸收功率 30W，元器件 B 吸收功率 15W，元器件 C 产生功率 30W，分别求出 3 个元件中的电流 I_1、I_2、I_3。

78

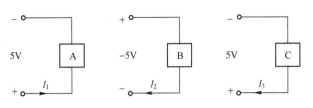

图 2-75　第 6 题图

7. 在图 2-76 所示电路中，求电压 U。

8. 在图 2-77 所示电路中，求各元件的功率。

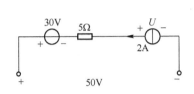

图 2-76　第 7 题图

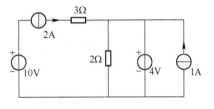

图 2-77　第 8 题图

9. 电路如图 2-78 所示。求电路中的未知量。

10. 电路如图 2-79 所示。求电路中的电流 I_1。

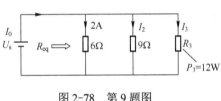

图 2-78　第 9 题图

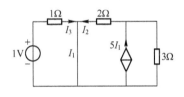

图 2-79　第 10 题图

11. 电路如图 2-80 所示。已知 $I_1 = 3I_2$，求电路中的电阻 R。

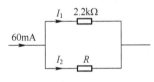

图 2-80　第 11 题图

12. 电路如图 2-81 所示。求电路 AB 间的等效电阻 R_{AB}。

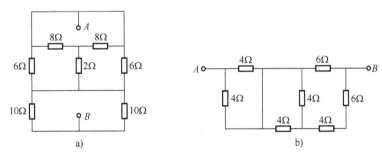

图 2-81　第 12 题图

*13. 用电源变换的方法求如图 2-82 所示电路中的电流 I。

*14. 求如图 2-83 所示电路中的电压 U_{ab}。并作出可以求 U_{ab} 的最简单的等效电路。

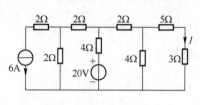

图 2-82　第 13 题图

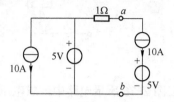

图 2-83　第 14 题图

*15. 求图 2-84 所示电路中的电流 I。

*16. 用电源等效变换的方法求图 2-85 中的电流 I，要求画出变换过程（不少于两图）。

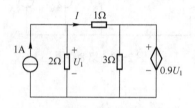

图 2-84　第 15 题图

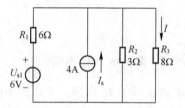

图 2-85　第 16 题图

17. 用叠加定理求如图 2-86 所示电路中的电压 U。

18. 求如图 2-87 所示电路的戴维南等效电路。

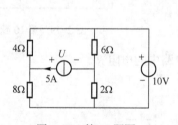

图 2-86　第 17 题图

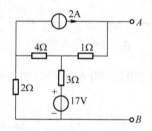

图 2-87　第 18 题图

19. 电路如图 2-88 所示。求 R_L 为何值时，R_L 消耗的功率最大？最大功率为多少？

20. 如图 2-89 所示电路中，电阻 R_L 可调，当 $R_L = 2\Omega$ 时，有最大功率 $P_{max} = 4.5W$，求 R、U_s。

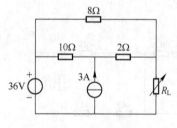

图 2-88　第 19 题图

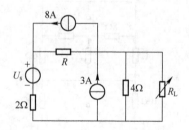

图 2-89　第 20 题图

项目 3 室内电气线路的设计与安装

知识目标

◆ 掌握正弦交流电路的基本概念。
◆ 掌握正弦交流电路的三要素。
◆ 熟悉正弦交流电路的基本表示方法。
◆ 熟悉正弦稳态电路的分析方法。
◆ 熟悉荧光灯电路的原理。
◆ 熟悉室内电气线路的安装要求。
◆ 掌握室内电气线路的故障检测方法。

能力目标

◆ 会正确表示正弦交流电路。
◆ 会正确分析正弦稳态电路。
◆ 会正确装接和检测荧光灯电路。
◆ 会安装常用照明灯具、开关及插座。
◆ 会正确处理室内电气线路的故障。

3.1 任务 1 认识正弦交流电路

布置任务

你知道正弦交流电路的基本概念和表示方法吗？让我们一起来学习吧!

3.1.1 正弦交流电路

正弦交流电由交流发电机产生，交流发电机的结构如图 3-1 所示，由定子、转子和磁场组成，定子是固定在机壳上的部分，转子是绕有线圈的圆柱形铁心，定子与转子之间的磁场按正弦规律分布。

$$B = B_{\mathrm{m}} \sin \alpha = B_{\mathrm{m}} \sin(\omega t + \varphi_0) \tag{3-1}$$

电动势产生示意图如图 3-2 所示，原动机带动线圈以速度线速度 v 沿逆时针方向旋转，线圈有效边 ab 和 $a'b'$ 切割磁感线产生感应电动势：

$$e' = e'' = B_{\mathrm{m}} L v \sin(\omega t + \varphi_0) \tag{3-2}$$

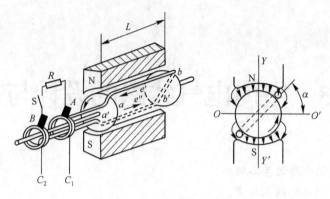

图 3-1　交流发电机结构

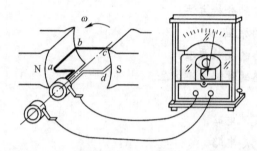

图 3-2　电动势产生示意图

线圈产生的总电动势是两边产生的感应电动势之和。

$$e' = e' + e'' = 2B_{\mathrm{m}}Lv\sin(\omega t + \varphi_0)$$

或

$$e = E_{\mathrm{m}}\sin(\omega t + \varphi_0) \tag{3-3}$$

交流发电机所产生的电动势按正弦规律变化。大小及方向均随时间按正弦规律做周期性变化的电流、电压、电动势统称为交流电。

3.1.2　正弦交流电路的三要素

正弦交流电的振幅、角频率、初相位这 3 个参数称为三要素。也可以把正弦交流电的有效值、频率、初相位这 3 个参数称为三要素。

1. 周期、频率、角频率

正弦交流电完成一次循环变化所用的时间称为周期，用字母 T 表示，单位为秒（s）。显然正弦交流电流或电压相邻的两个最大值（或相邻的两个最小值）之间的时间间隔即为周期，由三角函数知识可知：

$$T = \frac{2\pi}{\omega} \tag{3-4}$$

交流电周期的倒数叫作频率（用符号 f 表示），即：

$$f = \frac{1}{T} \tag{3-5}$$

它表示正弦交流电流在单位时间内作周期性循环变化的次数，即表征交流电交替变化的速率（快慢）。频率的国际单位制是赫兹（Hz）。角频率与频率之间的关系为：

$$\omega = 2\pi f \qquad (3-6)$$

1s 变化的角度即为角频率，单位为 rad/s。

周期与角频率间关系：

$$T = \frac{2\pi}{\omega} \qquad (3-7)$$

即由交流电表达式中角频率可求出周期。例如照明电路中正弦交流电周期 $T = 0.02s$

2．振幅、有效值

就平均对电阻做功的能力来说，两个电流(i 与 I)是等效的，则该直流电流 I 的数值可以表示交流电流 $i(t)$ 的大小，于是把这一特定的数值 I 称为交流电流的有效值。理论与实验均可证明，正弦交流电流 i 的有效值 I 等于其振幅(最大值)I_m 的 0.707 倍，即：

$$I = \frac{I_m}{\sqrt{2}} = 0.707 I_m \qquad (3-8)$$

正弦交流电压的有效值为：

$$U = \frac{U_m}{\sqrt{2}} = 0.707 U_m \qquad (3-9)$$

正弦交流电动势的有效值为：

$$E = \frac{E_m}{\sqrt{2}} = 0.707 E_m \qquad (3-10)$$

我国工业和民用交流电源电压的有效值为 220V、频率为 50Hz，因而通常将这一交流电压简称为工频电压。

3．相位、初相位、相位差、相位关系

任意一个正弦量 $y = A\sin(\omega t + \varphi_0)$，它的相位为 $(\omega t + \varphi_0)$，初相即初始相位 φ_0，本内容只涉及两个同频率正弦量的相位差（与时间 t 无关）。设第 1 个正弦量的初相为 φ_{01}，第 2 个正弦量的初相为 φ_{02}，则这两个正弦量的相位差为 $\varphi_{12} = \varphi_{01} - \varphi_{02}$

并规定 $|\varphi_{12}| \leqslant 180°$ 或 $|\varphi_{12}| \leqslant \pi$。

两个正弦量的相位关系：

1）当 $\varphi_{12} > 0$ 时，称第 1 个正弦量比第 2 个正弦量的相位越前(或超前)φ_{12}。

2）当 $\varphi_{12} < 0$ 时，称第 1 个正弦量比第 2 个正弦量的相位滞后(或落后)$|\varphi_{12}|$。

3）当 $\varphi_{12} = 0$ 时，称第 1 个正弦量与第 2 个正弦量同相，如图 3-3a 所示。

4）当 $\varphi_{12} = \pm\pi$ 或 $\pm180°$ 时，称第 1 个正弦量与第 2 个正弦量反相，如图 3-3b 所示。

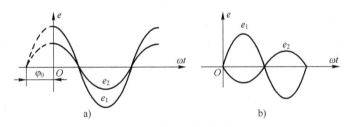

图 3-3 同相与反相的关系

5）当 $\varphi_{12} = \pm\dfrac{\pi}{2}$ 或 $\pm90°$ 时，称第 1 个正弦量与第 2 个正弦量正交。

例如已知 $u = 311\sin(314t - 30°)$ V，$i = 5\sin(314t + 60°)$ A，则 u 与 i 的相位差为 $\varphi_{ui} = (-30°) - (+60°) = -90°$，即 u 比 i 滞后 $90°$，或 i 比 u 超前 $90°$。

【例 3-1】 正弦交流电流 $i = 2\sin(100\pi t - 30°)$ A，如果交流电流 i 通过 $R = 10\Omega$ 的电阻时，求电流的最大值、有效值、角频率、频率、周期、初相及电功率 P。

解： 由正弦交流电流 $i = 2\sin(100\pi t - 30°)$ 可得最大值 $I_m = 2$A，有效值 $I = 2 \times 0.707$A $= 1.414$A，$\omega = 100\pi$ rad/s，$f = \omega / 2\pi = 50$Hz，$T = 1/f = 0.02$ s，$\varphi_0 = 30°$。

在 1s 时间内电阻消耗的电能（又叫作平均功率）为 $P = I^2 R = 20$ W。

3.1.3 正弦交流电的表示法

1．解析式表示法
用数学表达式来表示正弦交流电的方法即为解析式表示法。

$$u = U_m \sin(\omega t + \varphi_0)$$

$$i = I_m \sin(\omega t + \varphi_0)$$

$$e = E_m \sin(\omega t + \varphi_0)$$

上述三式为交流电的解析式。

从上式知：已知交流电的有效值（或最大值）、频率（或周期、角频率）和初相位，就可写出它的解析式，从而也可算出交流电任何瞬时值。

【例 3-2】 已知某正弦交流电流的最大值是 2 A，频率为 100 Hz，设初相位为 $60°$，则该电流的瞬时表达式为：

$$i = I_m \sin(\omega t + \varphi_0) = 2\sin(2\pi f t + 60°) = 2\sin(628t + 60°)\ \text{A}$$

2．波形图表示法
用波形图表示正弦交流电的方法即为波形图表示法。如图 3-4 所示，以 t 或 ωt 为横坐标，以 i、e、u 为纵坐标。

图中直观的表达出正弦交流电流的最大值，初相角 ϕ_0 和角频率。

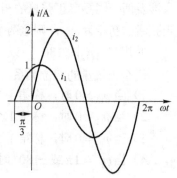

图 3-4　正弦电路的波形表示法

3．矢量图表示法
矢量：具有大小和方向的量，也称为向量。

矢量的表示方法：用箭头的长度和角度表示。

以坐标原 O 为端点作一条有向线段，线段的长度为正弦量的最大值 I_m，旋转矢量的起始位置与 x 轴正方向的交角为正弦量的初相位 φ_0，它以正弦量的角频率 ω 为角速度，绕原点 O 逆时针匀速转动，即在任意时刻 t 旋转矢量与 x 周正半轴的交角为 $\omega t + \varphi_0$。则在任一时刻，旋转矢量在纵轴上的投影就等于该时刻正弦量的瞬时值。

以图 3-5 表示的矢量图为例分析。在平面直角坐标系中，从原点作一有向线段 OA，使其长度正比于正弦交流电动势的最大值，矢量与横轴 Ox 的夹角等于正弦交流电动势的初相角，OA 以角速度 ω 逆时针方向旋转下去，即可得 i 的图像。有向线段 OA 就是 i 的矢量。

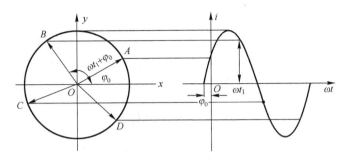

图 3-5　矢量图表示法

相量：表示正弦交流电的矢量，用大写字母上加"·"符号表示。

相量图：同频率的几个正弦量的相量，可画在同一图上，这样的图叫相量图。

相量图的做法：

1）用虚线表示基准线，即 x 轴。

2）确定并画出有向线段的长度单位。

3）从原点出发，有几个正弦量就作出几条有向线段，它们与基准线的夹角分别为各自的初相角。规定逆时针方向的角度为正，顺时针方向的角度为负。

4）按画好的长度单位和各正弦量的最大值取各线段的长度，在线段末端加箭头。

注意：相量只是表示正弦量，而不是等于正弦量。

按照各个正弦量的大小和相位关系用初始位置的有向线段画出的若干个相量的图形，称为相量图。在相量图上能形象地看出各个正弦量的大小和相互间的相位关系。如图 3-6 所示，可以形象地看出 u 和 i 之间的关系。

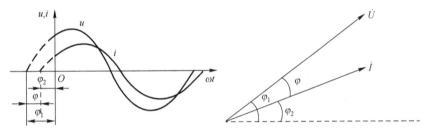

图 3-6　相量间的关系

3.2　任务 2　正弦交流电路分析

　布置任务

你知道正弦交流稳态电路的分析方法吗？让我们一起来学习吧！

3.2.1　纯电阻正弦交流电路

只含有电阻元件的交流电路称为纯电阻电路，如只有白炽灯、电炉、电烙铁等电阻元件的电路。

1. 电压与电流的瞬时值关系

电阻与电压、电流的瞬时值之间的关系满足欧姆定律。设加在电阻 R 上的正弦交流电压瞬时值为 $u = U_m \sin(\omega t)$，则通过该电阻的电流瞬时值为：

$$i = \frac{u}{R} = \frac{U_m}{R}\sin(\omega t) = I_m \sin(\omega t)$$

其中 $I_m = \dfrac{U_m}{R}$ 是正弦交流电流的振幅。这说明，正弦交流电压和电流的振幅之间满足欧姆定律。

2. 电压与电流的有效值关系

由于纯电阻电路中正弦交流电压和电流的振幅值之间满足欧姆定律，因此把等式两边同时除以 $\sqrt{2}$，即得到有效值关系，即：

$$I = \frac{U}{R} \text{ 或 } U = IR$$

这说明，正弦交流电压和电流的有效值之间也满足欧姆定律。

3. 电压与电流的相位关系

电阻的两端电压 u 与通过它的电流 i 同相，其波形图和相量图如图 3-7 所示。

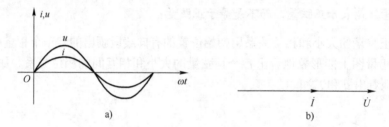

图 3-7　电阻电压 u 与电流 i 的波形图和向量图

a) 波形图　b) 相量图

【例 3-3】　在纯电阻电路中，已知电阻 $R = 44\Omega$，交流电压：$u = 311\sin(314t + 30°)\,\mathrm{V}$，求通过该电阻的电流大小？并写出电流的解析式。

解：解析式 $i = \dfrac{u}{R} = 7.07\sin(314t + 30°)\,\mathrm{A}$，大小(有效值)为 $\dfrac{7.07}{\sqrt{2}} = 5$　A

3.2.2　纯电感正弦交流电路

1. 感抗的概念

电感对交流电具有阻碍作用，反映电感对交流电流阻碍作用程度的参数称为感抗。

纯电感电路中通过正弦交流电流的时候，所呈现的感抗为：

$$X_L = \omega L = 2\pi f L$$

式中，自感系数 L 的国际单位制是亨利(H)，常用的单位还有毫亨(mH)、微亨(μH)，纳亨(nH)等，它们与 H 的换算关系为：

$$1mH = 10^{-3}H, \quad 1\mu H = 10^{-6}H, \quad 1nH = 10^{-9}H$$

电感很多是由线圈和导磁介质所组成的，如果线圈中不含有导磁介质，则称为空心电感或线性电感，线性电感 L 在电路中是一常数，与外加电压或通电电流无关。

如果线圈中含有导磁介质时，则电感 L 将不是常数，而是与外加电压或通电电流有关的量，这样的电感叫作非线性电感，例如铁心电感。

用于"通直流、阻交流"的电感线圈称为低频扼流圈，用于"通低频、阻高频"的电感线圈称为高频扼流圈。

2. 电感电流与电压的关系

电感电流与电压的大小关系为：

$$I = \frac{U}{X_L} \tag{3-11}$$

显然，感抗与电阻一样满足欧姆定律，它们的单位相同，都是欧姆(Ω)。

电感电流与电压的相位关系有：电感电压比电流超前 90°（或 $\pi/2$），即电感电流比电压滞后 90°，电感电压与电流的波形图与相量图如图 3-8 所示。

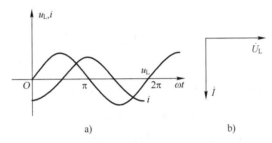

图 3-8　电感电压与电流的波形图与相量图

【例 3-4】 已知一电感 $L = 80$ mH，外加电压 $u_L = 50\sqrt{2}\sin(314t + 65°)$ V。试求：1）感抗 X_L。2）电感中的电流 I_L。3）电流瞬时值 i_L。

解：

1）电路中的感抗为：

$$X_L = \omega L = 314 \times 0.08\Omega \approx 25\Omega$$

2）电感中的电流

$$I_L = \frac{U_L}{X_L} = \frac{50}{25}A = 2\ A$$

3）电感电流 i_L 比电压 u_L 滞后 90°，则：

$$i_L = 2\sqrt{2}\sin(314t - 25°)$$

3.2.3　纯电容正弦交流电路

1. 容抗的概念

电容对交流电具有阻碍作用，反映电容对交流电流阻碍作用程度的参数称为容抗。容抗表达式为：

$$X_C = \frac{1}{\omega C} = \frac{1}{2\pi f C} \tag{3-12}$$

容抗和电阻、电感的单位一样，也是欧姆（Ω）。在电路中，用于"通交流、隔直流"的电容称为隔直电容器；用于"通高频、阻低频"将高频电流成分滤除的电容称为高频旁路电容器。

2．电容电流与电压的关系

电容电流与电压的大小关系为：

$$I = \frac{U}{X_C} \tag{3-13}$$

电容电流与电压的相位关系有：电容电流比电压超前 90°（或 π/2），即电容电压比电流滞后 90°，电容电压与电流的波形图与相量图如图 3-9 所示。

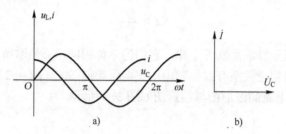

图 3-9　电容电压与电流的波形图与相量图

a) 波形图　b) 相量图

【**例 3-5**】 已知一电容 $C = 127\mu F$，外加正弦交流电压 $u_C = 20\sqrt{2}\sin(314t + 20°)\,V$，试求：1）容抗 X_C。2）电流大小 I_C。3）电流瞬时值 i_C。

解：根据 $u_C = 20\sqrt{2}\sin(314t + 20°)$，可得 $\omega = 314\text{rad/s}$

（1）$X_C = \dfrac{1}{\omega C} = 25\Omega$

（2）$I_C = \dfrac{U}{X_C} = \dfrac{20}{25}A = 0.8\,A$

（3）电容电流比电压超前 90°，则 $i_C = 0.8\sqrt{2}\sin(314t + 110°)$　A

3.2.4　*RLC*串联正弦交流电路

1．*RLC* 串联电路

由电阻、电感、电容相串联构成的电路称为 *RLC* 串联电路,如图 3-10 所示。

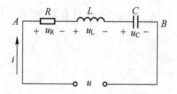

图 3-10　*RLC* 串联电路

设电路中电流为 $i = I_m \sin\omega t$，则根据 *R*、*L*、*C* 的基本特性可得各元件的两端电压：

$$u_R = RI_m \sin\omega t\,, \qquad u_L = X_L I_m \sin(\omega t + 90°)\,, \qquad u_C = X_C I_m \sin(\omega t - 90°) \tag{3-14}$$

根据基尔霍夫电压定律（KVL），在任一时刻总电压 u 的瞬时值为：

$$u = u_R + u_L + u_C \tag{3-15}$$

作出 R、L、C 串联电路的相量图，如图 3-11 所示，并得到各电压之间的大小关系为：

$$U = \sqrt{U_R^2 + (U_L - U_C)^2} \tag{3-16}$$

式（3-16）又称为电压三角形关系式。

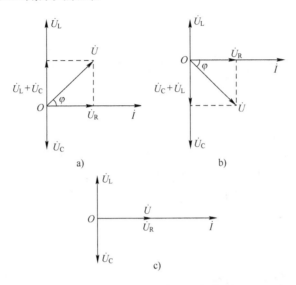

图 3-11 RLC 串联电路的相量图

2. RLC 串联电路的阻抗

由于 $U_R = RI$，$U_L = X_L I$，$U_C = X_C I$，可得：

$$U = \sqrt{U_R^2 + (U_L - U_C)^2} = I\sqrt{R^2 + (X_L - X_C)^2}$$

令：

$$|Z| = \frac{U}{I} = \sqrt{R^2 + (X_L - X_C)^2} = \sqrt{R^2 + X^2} \tag{3-17}$$

式（3-17）称为阻抗三角形关系式，$|Z|$ 叫作 RLC 串联电路的阻抗，其中 $X = X_L - X_C$ 叫作电抗。阻抗和电抗的单位均是欧姆（Ω）。R、L、C 串联电路的阻抗三角形如图 3-12 所示。

由相量图可以看出总电压与电流的相位差为：

$$\varphi = \arctan \frac{U_L - U_C}{U_R} = \arctan \frac{X_L - X_C}{R} = \arctan \frac{X}{R} \quad (3\text{-}18)$$

式（3-18）中 φ 叫作阻抗角。

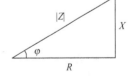

图 3-12 RLC 串联电路的阻抗三角形

3. RLC 串联电路的性质

根据总电压与电流的相位差（即阻抗角 φ）为正、负和零 3 种情况，将电路分为 3 种性质。

1）感性电路：当 $X > 0$ 时，即 $X_L > X_C$，$\varphi > 0$，电压 u 比电流 i 超前 φ，称电路为呈感性。

2）容性电路：当 $X < 0$ 时，即 $X_L < X_C$，$\varphi < 0$，电压 u 比电流 i 滞后 $|\varphi|$，称电路为呈容性。

3）谐振电路：当 $X = 0$ 时，即 $X_L = X_C$，$\varphi = 0$，电压 u 与电流 i 同相，称电路为呈电阻性。电路处于这种状态时，叫作谐振状态。

【例 3-6】 在 RLC 串联电路中，交流电源电压 $U = 220$ V，频率 $f = 50$Hz，$R = 30\Omega$，$L = 445$mH，$C = 32\mu$F。试求：1）电路中的电流大小 I。2）总电压与电流的相位差 φ。3）各元件上的电压 U_R、U_L、U_C。

解： 由已知条件可求：

1）$X_L = 2\pi f L \approx 140 \ \Omega$，$X_C = \dfrac{1}{2\pi f C} \approx 100 \ \Omega$，$|Z| = \sqrt{R^2 + (X_L - X_C)^2} = 50\Omega$，则：

$$I = \frac{U}{|Z|} = 4.4\text{A} 。$$

2）$\varphi = \arctan \dfrac{X_L - X_C}{R} = \arctan \dfrac{40}{30} = 53.1°$，即总电压比电流超前 53.1°，电路呈感性。

3）$U_R = RI = 132$ V，$U_L = X_L I = 616$V，$U_C = X_L I = 440$V。

本例题中电感电压、电容电压都比电源电压大，在交流电路中各元件上的电压可以比总电压大，这是交流电路与直流电路特性不同之处。

3.2.5 交流电路的功率

1. 电流的有功分量和无功分量

电流的有功分量和无功分量如图 3-13 所示。

电流的有功分量和电压的方向相同： $\qquad I_P = I\cos\varphi$ （3-19）

电流的无功分量和电压方向相差 90°， $\qquad I_Q = I\sin\varphi$ （3-20）

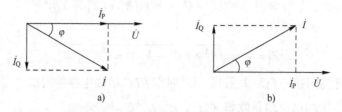

图 3-13 电流的有功分量和无功分量

a) 电感性负载 $\varphi > 0$ b) 电容性负载 $\varphi < 0$

2. 电路的有功功率、无功功率和视在功率

电流的有功分量和无功分量与电压 U 的乘积分别等于电路的有功功率和无功功率，即：

$$P = U\,I\,\cos\varphi \qquad (3\text{-}21)$$

$$Q = U\,I\,\sin\varphi \qquad (3\text{-}22)$$

而电压与电流有效值的乘积则称为电路的视在功率或表观功率，用 S 表示，即

$$S = UI \qquad (3\text{-}23)$$

为了与有功功率和无功功率区别起见，视在功率的单位是伏·安。

有功功率，无论 $90°>\varphi>0°$，还是 $-90°<\varphi<0°$，$\cos\varphi>0$，P 总是大于零的。因而电路的总有功功率应等于各支路或电阻元件有功功率的算术和，即：

$$P=\sum P_i=\sum R_iI_i^2 \qquad (3\text{-}24)$$

无功功率则有电容性和电感性之分。在分析交流电路的功率时，做如下规定：

1）φ 为电压对电流的相位差，即 $\varphi=\varphi_u-\varphi_i$，在电容性电路中，$u$ 滞后于 i，$-90°<\varphi<0°$，$\sin\varphi<0$，故 $Q<0$，它是由电场能与电能相互转换而形成的。

2）在电感性电路中，u 超前于 i，$90°>\varphi>0°$，$\sin\varphi>0$，故 $Q>0$，它是由磁场能与电能相互转换而形成的。

3）当电路中同时有电容和电感存在时，电路的总无功功率应为两者无功功率绝对值之差。

3. 功率三角形

电路的有功功率、无功功率和视在功率组成了功率三角形，如图 3-14 所示。

图 3-14　功率三角形

a) 电感性负载 $\varphi>0$　b) 电容性负载 $\varphi<0$

4．视在功率的计算

视在功率可视为有功功率和无功功率的综合值，它的大小反映了电器设备的任载情况。

例如，交流发电机和变压器等供电设备都是按照一定的额定电压和额定电流设计制造的。两者的乘积即设备的额定视在功率。使用时，若实际的视在功率超过了额定视在功率，设备可能损坏。因而，设备的容量常用额定视在功率来表示。它们所允许输出的有功功率还与负载的性质，即与负载的 $\cos\varphi$ 有关。只有在规定和已知 $\cos\varphi$ 的情况下，才能用额定有功功率来表示设备的容量。

分析和计算视在功率，要注意电路的总视在功率，一般情况下不等于各支路或元件视在功率的算术和或代数和，即 $S\neq\sum S_i$。

【例 3-7】　已知如图 3-15 所示，求电路的总有功功率、无功功率和视在功率。

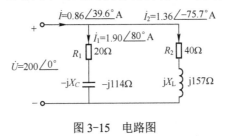

图 3-15　电路图

解：方法 1　由总电压总电流求总功率：

$$P=UI\cos\varphi=220\times0.86\times\cos(0°-39.6°)\text{W}=146\text{W}$$

$$Q=UI\sin\varphi=220\times0.86\times\sin(0°-39.6°)\text{var}=-121\text{var}$$

$$S = UI = 220 \times 0.86 \text{ V·A} = 190 \text{ V·A}$$

方法 2　由支路功率求总功率：

$$P = P_1 + P_2 = U_1 I_1 \cos\varphi_1 + U_2 I_2 \cos\varphi_2$$
$$= \{220 \times 1.9 \times \cos(0° - 80°) + 220 \times 1.36 \times \cos[0° - (-75.7°)]\} \text{ W}$$
$$= (72 + 74) \text{ W}$$
$$= 146 \text{ W}$$

$$Q = Q_1 + Q_2 = P_1 \tan\varphi_1 + P_2 \tan\varphi_2$$
$$= (-411 + 290) \text{ var}$$
$$= -121 \text{ var}$$

$$S = \sqrt{P^2 + Q^2} = 190 \text{V} \cdot \text{A}$$

3.2.6　交流电路的功率因数

在交流电路中，有功功率与视在功率的比值用λ表示，称为电路的功率因数。

$$\lambda = \frac{P}{S} = \cos\varphi \qquad\qquad (3-25)$$

1．常用电路的功率因数

常用电路的功率因数有：

纯电阻电路　　　　　　$\cos\varphi = 1$

纯电感电路　　　　　　$\cos\varphi = 0$

纯电容电路　　　　　　$\cos\varphi = 0$

RLC 串联电路　　　　$0 < \cos\varphi < 1$

电动机：空载　　　　　$\cos\varphi = 0.2 \sim 0.3$

　　　　满载　　　　　$\cos\varphi = 0.7 \sim 0.9$

荧光灯：　　　　　　　$\cos\varphi = 0.5 \sim 0.6$

2．功率因数和电路参数的关系

功率因数和电路参数的关系如下：

$$\varphi = \arctan\frac{X_L - X_C}{R} \qquad\qquad (3-26)$$

说明：功率因数由负载性质决定，与电路的负载参数和频率有关，与电路的电压、电流无关。

3．功率因数低的害处

1）降低了供电设备的利用率。

根据 $P = S_N \cos\varphi$　　　　S_N 为供电设备的容量。

例如：$S_N = 1000$ kV · A,

　　　　$\cos\varphi = 0.5$ 时，输出 $P = 500$W

　　　　$\cos\varphi = 0.9$ 时，输出 $P = 900$W

2）增加了供电设备和输电线路的功率损失。

$$I = P / (U \cos\varphi)$$

当 P 一定时，$\cos\varphi$ 减小，电路中电流 I 增大，导致电路功率损失增加，而且线路电压降落也增大。

4. 造成功率因数低的原因

1）电路的功率因数低，是因为无功功率多，使得有功功率与视在功率的比值小。

2）电感性负载比较多，无功功率多。

5. 提高功率因数的办法

在实际设备中，功率表因数低会有很多的害处，所以需要提高功率因素，通常采用的方法就是并联补偿电容。

提高功率因数的方法如图 3-16 所示，由图可知。

$$I_2 = I_1 \sin\varphi_1 - I \sin\varphi$$

$$I_1 = \frac{P}{U\cos\varphi_1} \qquad I = \frac{P}{U\cos\varphi}$$

又因为 $I_2 = \omega CU$，$\omega CU = \dfrac{P}{U}(\tan\varphi_1 - \tan\varphi)$

所以可以并联一个电容：$C = \dfrac{P}{\omega U^2}(\tan\varphi_1 - \tan\varphi)$

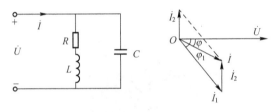

图 3-16　提高功率因素方法

3.3　任务 3　荧光灯电路装接与检测

你知道荧光灯电路是怎么样的吗？应该如何安装和检测呢？让我们一起来学习吧！

3.3.1　荧光灯电路

1. 荧光灯的组成

荧光灯是家庭照明的主要设备之一，大家也比较熟悉，由灯管、镇流器和辉光启动器组成，分别如图 3-17～图 3-19 所示。

图 3-17　荧光灯灯管

荧光灯灯管是一个在真空情况下充有一定数量的氩气和少量水银的玻璃管，管的内壁涂有荧光材料，两个电极用钨丝绕制而成，上面涂有一层加热后能发射电子的物质。管内氩气既可帮助灯管点燃，又可延长灯管寿命。

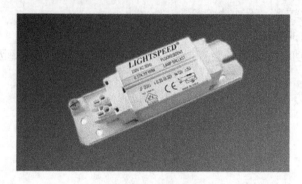

图 3-18　镇流器

镇流器又称限流器，是一个带有铁心的电感线圈，其作用有：在灯管启辉瞬间产生一个比电源电压高得多的自感电压帮助灯管启辉；灯管工作时限制通过灯管的电流不致过大而烧毁灯丝。

图 3-19　辉光启动器

辉光启动器由一个启辉管（氖泡）和一个小容量的电容组成。氖泡内充有氖气，并装有两个电极，一个是固定的静触片，另一个是用膨胀系数不同的双金属片制成的倒"U"型可动的动触片，辉光启动器在电路中起自动开关作用。电容是防止灯管启辉时对无线电接收机产生干扰。

2. 荧光灯的工作原理

荧光灯的电路如图 3-20 所示，当接通电源瞬间，由于辉光启动器没工作，电源电压都加在辉光启动器内氖泡的两电极之间，电极瞬间击穿，管内的气体导电，使"U"形的双金属片受热膨胀伸直而与固定电极接通，这时荧光灯的灯丝通过电极与电源构成一个闭合回路，如图 3-20a 所示。灯丝因有电流（称为启动电流或预热电流）通过而发热，从而使灯丝上的氧化物发射电子。同时，辉光启动器两端电极接通后电极间电压为零，辉光启动器停止放电。由于接触电阻小，双金属片冷却，当冷却到一定程度时，双金属片恢复到原来状态，与固定片分开。

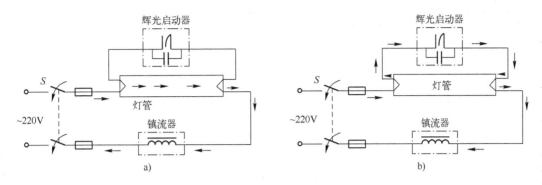

图 3-20 荧光灯电路

在此瞬间，回路中的电流突然断电，于是镇流器两端产生一个比电源电压高得多的感应电压，连同电源电压一起加在灯管两端，使灯管内的惰性气体电离而产生弧光放电。随着管内温度的逐步升高，水银蒸汽游离.并猛烈地碰撞惰性气体而放电。水银蒸汽弧光放电时，辐射出紫外线，紫外线激励灯管内壁的荧光粉后发出可见光，如图 3-20b 所示。

3.3.2 荧光灯电路装接与检测任务实施

1. 任务目标

掌握荧光灯电路的装接与检测方法，并对正弦稳态电路有关参数进行验证。

2. 学生工作页

课题序号		日　期		地　点	
课题名称		荧光灯电路装接与检测		课　时	2

1. 训练内容

1）掌握荧光灯电路装接方法。

2）验证正弦稳态电路有关相量关系。

2. 材料及工具

训练用材料及工具见表 3-1。

表 3-1　荧光灯电路装接用材料与工具

序号	名称	型号与规格	数量	备注
1	交流电压表	0～500V	1	
2	交流电流表	0～5A	1	
3	功率表		1	（DGJ-07）
4	自耦调压器		1	
5	镇流器、辉光启动器	与40W灯管配用	各1	DGJ-04
6	荧光灯灯管	40W	1	屏内
7	电容器	1μF,2.2μF,4.7μF/500V	各1	DGJ-05
8	白炽灯及灯座	220V，15W	1～3	DGJ-04
9	电流插座		3	DGJ-04

3. 训练步骤

1）按图 3-21 接线。R 为 220V、15W 的白炽灯泡，电容器为 4.7μF/450V。

经指导教师检查后，接通实验台电源，将自耦调压器输出电压（即 U）调至 220V。记录 U、U_R、U_C 值

95

在表 3-2 中，验证电压三角形关系如图 3-21 所示。电压三角形关系如图 3-22 所示。

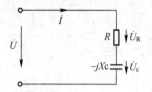 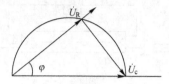

图 3-21　验证电压三角形关系　　　　　图 3-22　电压三角形关系

表 3-2　电压测量与计算数据

测　量　值			计　　算　　值		
U/V	U_R/V	U_C/V	$U=\sqrt{U_R^2+U_C^2}$ /V	$\Delta U=U-U$/V	$\Delta U/U$（%）

2）荧光灯电路接线与测量。

按图 3-23 所示荧光电路图接线。

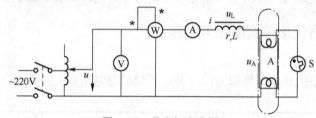

图 3-23　荧光灯电路图

经指导教师检查后接通实验台电源，调节自耦调压器的输出，使其输出电压缓慢增大，直到荧光灯刚启辉点亮为止，记下三表的指示值。然后将电压调至 220V，测量功率 P，电流 I，电压 U、U_L、U_A 等值，并记录在表 3-3 中，验证电压、电流相量关系。

表 3-3　功率、电流、电压测量与计算值

	测　量　数　值						计算值	
	P/W	$\cos\phi$	I/A	U/V	U_L/V	U_A/V	r/Ω	$\cos\phi$
启辉值								
正常工作值								

3）并联电路——电路功率因数的改善。按图 3-24 组成实验电路。

经指导老师检查后，接通实验台电源，将自耦调压器的输出调至 220V，记录功率表、电压表读数在表 3-4 中。通过一只电流表和三个电流插座分别测得 3 条支路的电流，改变电容值，进行 3 次重复测量。

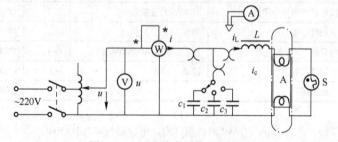

图 3-24　电路功率因数改善电路

96

表 3-4 关联电路功率、电流、电压测量与计算值

电容值 μF	测 量 数 值						计 算 值	
	P/W	$\cos\phi$	U/V	I/A	I_L/A	I_C/A	I'/A	$\cos\phi$
0								
1								
2.2								
4.7								

4. 课后体会

_____

_____

_____

_____

_____

3. 工作任务评价表

组别_____ 姓名_____ 学号_____

工 作 质 量					
序号	考核项目	评 分 标 准	配分	扣分	得分
1	电路搭接	正确性	50		
2	参数测试	参数测试完整性及计算	40		
3	安全文明操作	（1）违反操作流程扣 5 分 （2）工作场地不整洁扣 5 分	10		
备　注		合　计	100		

汇总得分			
	工作行为 100 分（50%）	工作质量 100 分（50%）	总得分 100 分
组长评分			
教师评分			

说明：① 工作行为部分主要由小组长评定，实行百分制，教师有权特别处理。
　　　② 工作质量部分主要由教师抽查评定，实行百分制，其他组员成绩与抽查同学得分相同。
　　　③ 教师具有否定权，最后总得分以教师评分为准。

3.4 任务 4 家庭电气线路的设计

布置任务

　　根据提供的套房平面图，结合自身考虑的装修风格进行室内电气线路的设计，包括用电负荷计算、开关及线材等配件选型，还有插座及开关等布局图及配电图等，并查找相关资料

选定配件及线材的品牌，统计各配件及线材的用量，预算家庭装修电工部分的费用。

3.4.1 家庭用电负荷计算

1. 分支负荷电流的计算

住宅用电负荷与各分支线路负荷紧密相关。线路负荷的类型不同，其负荷电流的计算方法也不同。线路负荷一般分为纯电阻性负荷和感性负荷两类。

（1）纯电阻性负荷

纯电阻性负荷有白炽灯、电热器等，其电流可按下式计算：

$$I = \frac{P}{U}$$

例：一只额定电压 220V，功率为 1000W 的电炉，其电流为：

$$I = 1000\text{W}/220\text{V} \approx 4.55\text{A}$$

（2）感性负荷

感性负荷有荧光灯、电视机、洗衣机等，其负荷电流可按下式计算：

$$I = \frac{P}{U \cos \phi}$$

公式中的功率是指整个用电器具的负荷功率，而不是其中某一部分的负荷功率。如荧光灯的负荷功率，等于灯管的额定功率与整流器消耗功率之和；洗衣机的负荷功率，等于整个洗衣机的输入功率，而不仅指洗衣机电动机的输出功率。

当荧光灯没有电容器补偿时，其功率因数可取 0.5～0.6；有电容器补偿时，可取 0.85～0.9。荧光灯的功率应为灯管功率与整流器功率之和。

（3）单相电动机

单相电动机如洗衣机、电冰箱用电动机的电流，可按下式计算：

$$I = \frac{P}{U \eta \cos \phi}$$

式中，η 为电动机的效率。如果电动机铭牌上无功率因数和效率数据可查，则电动机的功率因数和效率都可取 0.75。

例：一台单相吹风电动机，功率为 750W，正常工作时的电流为：

$$I = \frac{750}{220 \times 0.75 \times 0.75}\text{A} = 6.06\text{A}$$

2. 家庭用电总负荷电流的计算

家庭用电总负荷电流不等于所有用电设备电流之和，而是要考虑这些用电设备的同时用电率，总负荷电流的计算公式为：

总负荷电流＝用电量最大的一台家用电器的额定电流＋同时用电率×其余用电设备的额定电流之和

一般家庭同时用电率可取 0.5～0.8，家用电器越多，此值取得越小。空调 1P=1 马力 =735W。

家庭用电量与设置规格的选用如表 3-5 所示。

表 3-5　家庭用电量与设置规格选用

套型	使用面积/m²	用电负荷/kW	计算电流/A	进线总开关脱扣器额定电流/A	电度表容量/A	进户线规格/mm²
一类	50 以下	5	20.20	25	10(40)	BV−3×4
二类	50～70	6	25.30	30	10(40)	BV−3×6
三类	75～80	7	35.25	40	10(40)	BV−3×10
四类	85～90	9	45.45	50	15(60)	BV−3×16
五类	100	11	55.56	60	15(60)	BV−3×16

3.4.2　导线的选择

1．按电源电压选择

通常使用的电源有单相 220V 和三相 380V。不论是 220V 供电电源，还是 380V 供电电源，导线均应采用耐压 500V 的绝缘导线；而耐压 250V 的聚氯乙烯塑料绝缘软导线（俗称为胶质线或花线），只能用作吊灯用导线，不能用于布线。

2．根据不同的用途选择

电线型号的含义如图 3-25 所示，根据不同的用途可以选择不同型号的导线。

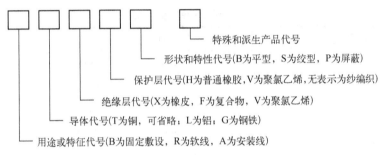

　　　　　　特殊和派生产品代号
　　　　　形状和特性代号(B为平型，S为绞型，P为屏蔽)
　　　保护层代号(H为普通橡胶，V为聚氯乙烯，无表示为纱编织)
　　绝缘层代号(X为橡皮，F为复合物，V为聚氯乙烯)
　导体代号(T为铜，可省略；L为铝；G为钢铁)
用途或特征代号(B为固定敷设，R为软线，A为安装线)

图 3-25　导线型号的含义

3．导线颜色的选择

敷设导线时，相线 L、零线 N 和保护零线 PE 应采用不同颜色的导线。导线颜色的相关规定见表 3-6。

表 3-6　导线颜色的相关规定

类　别	颜色标志	线　别	备　注
用途导线	黄色 绿色 红色 浅蓝色	相线　L1 相 相线　L2 相 相线　L3 相 零线或中性线	U 相 V 相 W 相
保护接地(接零) 中性线（保护零线）	绿/黄双色	保护接地(接零) 中性线(保护零线)	颜色组合 3:7
二芯线（供单相电源用）	红色 浅蓝色	相线 零线	
三芯线（供单相电源用）	红色 浅蓝色(或白色) 绿/黄色(或黑色)	相线 零线 保护零线	
三芯线（供三相电源用）	黄、绿、红色	相线	无零线
四芯线（供三相四线制）	黄、绿、红色 浅蓝色	相线 零线	

在装修装饰中，如果住户自己布线，因条件限制，往往不能按规定要求选择导线颜色，这时可遵照以下要求使用导线：相线可使用黄色、绿色或红色中的任一种颜色，但不允许使用黑色、白色或绿/黄双色的导线。零线可使用黑色导线，没有黑色导线时，也可用白色导线。零线不允许使用红色导线。保护零线应使用绿/黄双色的导线，如无此种颜色导线，也可用黑色的导线。但这时零线应使用浅蓝色或白色的导线，以便两者有明显的区别。保护零线不允许使用除绿/黄双色线和黑色线以外的其他颜色的导线。

4．导线截面的选择

导线的截面积以 mm^2 为单位。导线的截面积越大，允许通过的安全电流就越大。在同样的使用条件下，铜导线比铝导线可以小一号。在选择导线的截面时，主要是根据导线的安全载流量来选择导线的截面。在选择导线时，还要考虑导线的机械强度。有些负荷小的设备，虽然选择很小的截面就能满足允许电流的要求，但还必须查看是否满足导线机械强度所允许的最小截面，如果这项要求不能满足，就要按导线机械强度所允许的最小截面重新选择。

导线截面的选择如表 3-7 所示。

表 3-7　铜芯导线截面的选择

导线截面积/mm^2	最大电流/A	电器设备功率/W	备 注
1.0	6	1200	照明
1.5	10	2000	照明
2.0	12.5	2500	照明
2.5	15	3000	普通插座、电冰箱等
4	25	7000	热水器、空调等大功率电器
6	35	10740	单独设置的大功率电器插座
9	54	12000	进线
10	60	13500	进线

随着生活水平的提高，厨房的家用电器日益增多。建议：厨房间单独一路 $4mm^2$ 铜芯线。

3.4.3　家庭电气线路设计任务实施

1．任务目标

1）掌握家庭电气线路设计技术要求。

2）掌握家庭用电负荷计算方法。

3）掌握家庭电气配件和导线的选择及统计方法。

4）掌握电气配件参数识读、询价及品牌选择方法。

5）掌握手工绘制家庭电气平面图的方法。

6）熟悉设计方案书的撰写方法。

2. 学生工作页

课题序号		日　期		地　点	
课题名称		家庭电气线路的设计		任务课时	2

1. 训练内容

根据提供的套房建筑平面图，计算家庭用电负荷，统计相关电气配件及导线，查询有关品牌和价格，进行装修电工部分的预算，形成一份完整的设计方案书。

2. 材料及工具

套房平面图、计算机、网络、纸和笔。

3. 训练步骤

1）教师提供套房平面图，如图 3-26 所示，并进行简要说明。

2）小组讨论装修风格和大致预算。

3）家庭用电负荷计算。

4）小组讨论，根据用电负荷选择电气配件及导线，并上网查询、选择相关品牌。

5）小组按任务分配完成设计方案书。

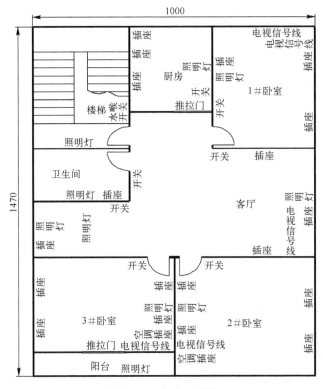

图 3-26　套房平面图

4. 课后体会

_____

_____

_____

_____

3. 工作任务评价表

组别_____姓名_____学号_____

工 作 质 量

序号	考核项目	评 分 标 准	配分	扣分	得分
1	用电负荷计算	正确性	20		
2	配件及导线选择计算	配件及导线负荷匹配计算正确性	20		
3	品牌及数量、费用统计表	数量统计准确性及费用合理性	30		
4	方案书的完整性	1）格式不规范扣 5 分 2）内容不完整扣 5 分	30		
	备　　注	合　计	100		

汇总得分

	工作行为 100 分（50%）	工作质量 100 分（50%）	总得分 100 分
组长评分			
教师评分			

说明：① 工作行为部分主要由小组长评定，实行百分制，教师有权特别处理。
　　　② 工作质量部分主要由教师抽查评定，实行百分制，其他组员成绩与抽查同学得分相同。
　　　③ 教师具有否定权，最后总得分以教师评分为准。

3.5 任务 5　室内照明线路的安装

 布置任务

安装一室一厅的照明电路，要求：1）布置两盏灯，一盏为客厅的荧光灯，由单控开关控制，另一盏为卧室照明灯，由双控开关控制。2）两个插座，一个五孔插座，一个两孔插座。3）客厅进线处安装断路器。

3.5.1　室内照明线路

1. 布线技术要求

1）配线时，相线与零线的颜色应不同。同一住宅配线颜色应统一，相线（L）宜用红色，零线（N）宜用蓝色或黄色，保护线（PE）必须用黄绿双色线。

2）为防止漏电，导线之间和导线对地之间的电阻必须大于 0.5MΩ。

3）安装插座、开关时，必须要按"相线（火线）进开关，地在上"的规定接线。

4）插座及开关，以及明敷设线路应横平竖直、整齐美观、合理布局，相线和零线并排走线。

2. 塑料护套线敷设方法

护套线是一种有塑料保护层的双芯或多芯绝缘导线，它有铜芯和铝芯两大类，目前应用最广的是铜芯护套线。

照明电路采用的是塑料护套线布线，它可直接敷设在墙壁及其他建筑物表面，用铝片线卡（俗称钢精轧片）或塑料线卡作为导线的支持物。这种布线方法属于直敷布线方式，具有防潮、耐酸和耐腐蚀，线路造价较低和安装方便等优点，广泛应用于家庭及类似场所，尤其

是在工地工棚、临时建筑、仓库等场所普遍采用。

（1）用铝片线卡安装护套线

用铝片线卡进行塑料护套线配线的步骤为：定位→划线→固定铝片线卡→敷设导线→铝片线卡夹持。

1）定位与划线。

根据电气布置图，分析并确定导线的走向和各个电器安装的具体位置，用弹线袋或墨线划线，要求横平竖直，垂直位置吊铅垂线，水平位置一般通过目测划线，对于初学者可通过直尺测量再结目测法来划线。同时按护套线的安装要求，每隔 120～200mm 划出线卡位置，弯角处线卡离弯角顶点的距离为 50～100mm，离开关、灯座的距离为 50mm。

2）固定铝片线卡。

根据每一线条上导线的数量选择合适型号的铝片线卡，铝片线卡的型号由小到大为 0、1、2、3、4 号等，号码越大，长度越长。在室内外照明线路中，通常用 0 号和 1 号铝片线卡。铝片线卡的夹持方法如图 3-27 所示。

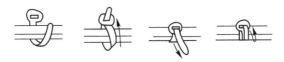

图 3-27　铝片线卡的夹持方法

3）敷设护套线。

导线敷设工作是保证塑料护套线敷设质量的重要环节，不可使导线产生扭曲现象。

首先将导线按需要放出一定的长度，用钢丝钳将其剪断，然后敷设。敷设时，一只手拉紧导线，另一只手将导线固定在铝线卡上。如需转弯时，弯曲半径不应小于护套线宽度的 3～6 倍，转弯前后应各用一个铝线卡夹住，用塑料线卡安装护套线如图 3-28 所示。

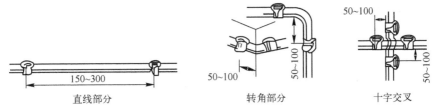

图 3-28　用塑料线卡安装护套线

（2）用塑料线卡安装护套线

用塑料线卡进行塑料护套线敷设，应先放线，再固定线卡，塑料线卡的敷设方法如图 3-29b 所示。其间距要求与铝片线卡塑料护套线敷设要求相同。

图 3-29　塑料线卡及敷设方法

a) 塑料线卡　b) 塑料线卡的敷设方法

3．开关安装方法

开关是用来控制灯具等电器电源通断的器件。在照明电路中，常用的电源开关有拉线开关和平开关，现在家装一般用平开关。常用开关按功能可分为单控开关和双控开关。单控开关是最常用的一种开关，即一个开关控制一组线路。双控开关是两个开关控制一组线路，可以实现楼上楼下同时控制。

（1）开关安装的技术要求

1）照明开关或暗装开关一般安装在门边便于操作的地方，开关位置与灯具相对应。所有开关翘板接通或断开的上下位置应一致。

2）翘板开关距地面高度一般为 1.2～1.4m，距门框为 150～200mm。

3）拉线开关距地面高度一般为 2.2～2.8m，距门框为 150～200mm。

4）暗装开关的盖板应端正、严密并与墙面平。

5）明线敷设的开关应安装在不小于 15mm 的木台上。

6）多尘潮湿场所（如浴室）应用防水瓷质拉线开关或加装保护箱。

（2）开关的安装方式

开关的安装方式有明装和暗装。暗装开关一般要配合土建施工过程预埋开关盒，待土建施工束后再安装开关。明装开关一般在土建完工后安装。

平开关主要由面板、翘板和触点 3 部分组成。平开关暗装的安装方法是：在墙上准备安装开关的地方，凿制出一只略大开关接线暗盒的墙孔埋设（嵌入）接线暗盒，并用砂灰或水泥把接线盒固定在孔内。注意：选用接线暗盒应与所用暗开关盒尺寸相符；埋入的接线暗盒应事先敲去相应的敲落孔，以便穿导线卸下开关面板后，把两根导线头分别插入开关底板的 2 个接线孔，并用木螺钉将开关底板固定在开关接线暗盒上，然后再盖上开关面板。

4．插座安装方法

插座是供移动电器设备（如台灯、电风扇、电视机、洗衣机及电动机等）连接电源用的。插座分固定式和移动式。

（1）插座安装的技术要求

1）接地要求。

凡携带式或移动式电器用插座，单相应用三孔插座，三相用四孔插座，其接地孔应与接地线或零件接牢。

2）安装高度要求。

① 明装插座离地面的高度应不低于 1.3m，一般为 1.5～1.8m；暗装插座允许低装，但距地面高度不低于0.3m。

② 儿童活动场所的插座应用安全插座，采用普通插座时，安全高度不应低于1.8m。

③ 同一室内安装的插座高低差不应大于 5mm，成排安装的插座不应大于 2mm。

3）接线要求。

装单相插座时，两孔插座的左边插孔接线柱接电源的零线（N），右边插孔接线柱接电源的相线（L），即"左零右相"。三孔插座的上方插孔接线柱接接地线（E），左边插孔接线柱接电源的零线，右边插孔接线柱接电源的相线，即"左零右相上接地"，单相插座接线如图 3-30 所示。

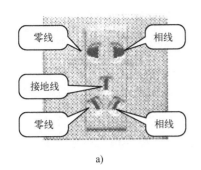
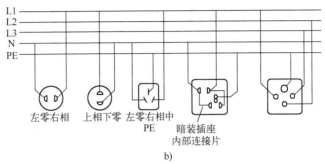

a)

b)

图 3-30　单相插座接线

a) 实物图　b) 原理图

（2）插座的安装方法

插座的安装方式分为暗装和明装，明装插座和暗装插座的安装方法分别如下：

1）明装插座的安装。

在墙上准备安装插座的地方居中钻 1 个小孔，塞上木枕。对准插座上穿线孔的位置，在木台上钻 3 个穿线孔和 1 个木螺钉孔，再把穿入线头的木台固定的木枕上，卸下插座盖，把 3 根线头分别穿入木台上的 3 个穿线孔。再把 3 根线头分别接到插座的接线柱上，插座上孔接插座的保护接地线，插座下面的两个孔接电源线（左孔接零线，右孔接火线），不能接错。

2）暗装插座的安装。

暗装插座与暗装开关的安装方法大致相同。先将接线暗盒按定位要求埋设（嵌入）在墙内，埋设时用水泥砂浆填充，但要注意埋设平整，不能偏斜，暗装插座盒口面应与墙的粉刷层面保持一致，卸下暗装插座面板，把穿过接线暗盒的导线线头分别插入暗装插座底板的 3 个接线孔内，插座上孔插入保护接地线线头，插座下面的两个小孔插入电源线线头（左孔插入零线线头，右孔插入相线线头），固定暗装插座，盖上插座面板。

5．照明灯具安装方法

在日常生活和工作中，电光源起着极其重要的作用。良好的照明能丰富人们的生活，提高学习、工作的效率，减少眼疾和事故。常用电光源有白炽灯、荧光灯等。

（1）照明灯具安装一般要求

1）安装前，灯具及其配件应齐全，并应无机械损伤、变形、油漆剥落和灯罩破裂等缺陷。

2）根据灯具的安装场所及用途，引向每个灯具的导线线芯最小截面应符合有关规定。

3）在砖石结构中安装电气照明装置时，应采用预埋吊钩、螺栓、螺钉、膨胀螺栓、尼龙塞或塑料塞固定；严禁使用木楔。当设计无规定时，上述固定件的承载能力应与电气照明装置的重量相匹配。

4）在变电站内，高压、低压配电设备及母线的正上方，不应安装灯具。

（2）常用照明灯具的接线

1）螺口灯头接线。

相线应接在中心触点的端子上，零线应接在螺纹的端子上。螺口灯头的基本结构如图 3-31 所示。

图 3-31　螺口灯头的基本结构

玻璃泡

灯丝

螺纹端子

中心触点

2）荧光灯的常见接线。

直管式荧光灯的结构如图 3-32a 所示，图 3-32b 所示为荧光灯一般连接电路图。

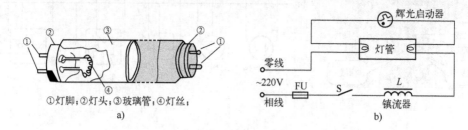

①灯脚;②灯头;③玻璃管;④灯丝;

图 3-32　直管式荧光灯的结构和一般连接线路图

a) 直管式荧光灯的结构　b) 荧光灯一般连接线路图

（3）常用开关控制灯具的连接方式

1）单联开关控制一盏灯的接线方法。

单联开关控制一盏灯的线路是照明电路中的最基本线路其原理图如图 3-33a 所示，接线方法如图 3-33b 所示。

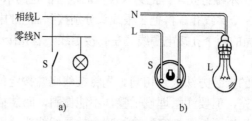

图 3-33　单联开关控制一盏灯的原理图和接线方法

a) 原理图　b) 接线方法

2）单联开关控制两盏灯的接线方法。

单联开关控制两盏灯，有分别控制（两只单联开关分别控制两盏灯）和同时控制（1只单联开关同时控制两盏灯）两种形式。两只开关分别控制两盏灯的原理图和接线方法如分别如图 3-34 所示，1 只开关同时控制两盏灯（或多盏灯）的原理图和接线方法如图 3-35 所示。

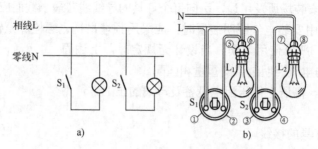

图 3-34　两只单联开关分别控制两盏灯原理图和接线方法

a) 原理图　b) 接线方法

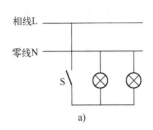
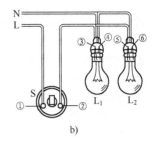

图 3-35 1 只单联开关同时控制两盏灯原理图和接线方法

a) 原理图 b) 接线方法

3）双联开关控制一盏灯的接线方法。

双联开关控制白炽灯接线原理图如图 3-36a 所示，双联开关控制一盏灯的接线方法如图 3-36b 所示。

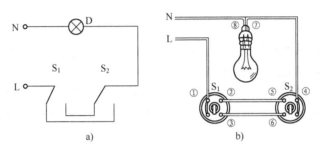

图 3-36 双联开关控制一盏灯的原理图和接线方法

a) 原理图 b) 接线方法

6. 配电盘安装方法

室内配电盘的主要作用是将引入室内的电力分为有序、用电合理的多个分支，以维持各个支路上不同家用电器的正常运行，确保输配电路的畅通、安全。

（1）配电盘的设计原则

配电盘主要是由各种功能的断路器组成的。配电盘的结构如图 3-37a 所示，配电盘的电路结构如图 3-37b 所示。

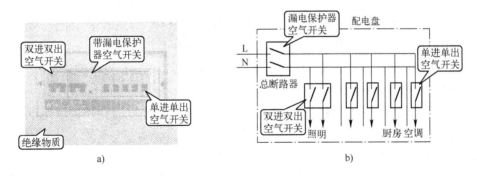

图 3-37 配电盘的结构

a) 配电盘的结构 b) 配电盘的电路结构

断路器是具有过电流保护功能的开关。如果电流过大，断路器会自动断开，起到保护电度表及用电设备的作用。常见的断路器种类有很多，图 3-38 有单进断路器、双进断路器和多进断路器等。

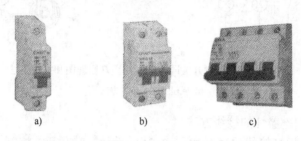

图 3-38　断路器外形

a) 单进断路器　b) 双进断路器　c) 多进断路器

（2）配电盘的选配原则

配电盘中主要的部件就是断路器，选购断路器等器材的时候，一定要选择质量高、品牌佳的产品，不可使用劣质品。通常情况下，最好选择带有漏电保护器的双进双出的断路器作为支路断路器，但是照明支路选择单进单出的控制开关即可。如果空调支路使用了带有漏电断路器作为支路断路器，少许的漏电就会使空调支路出现频繁的跳闸，以至于空调根本就没办法用了。

（3）配电盘的支路个数选择

配电盘中设计几个支路，配电盘上就应该有几个控制支路的断路器，也有的配电盘上除了支路断路器以外，还带有一个总断路器，这个总断路与配电箱中的总断路器的功能是一样的。 在设计配电盘支路的时候，没有固定的原则，在家庭用电线路中单相交流电通过配电箱（一户一表）进入单元住户，再由住户根据家用电器的功率大小以及使用环境的不同进行适当的分支，这里按照不同电器的使用环境进行配电分配，即客厅支路、厨房支路、卫生间支路、次卧室支路及主卧室支路；也可以按照家用电器使用功率的大小和使用环境相结合进行配电分配，即照明支路、普通插座支路、空调支路、厨房支路及卫生间支路。也可根据室内供电电路使用的电气设备的不同，分为小功率供电电路和大功供电电路两大类。小功率供电电路和大功率供电电路没有明确的区分界限，通常情况下，将功率在 1000W 以上的电器所使用的电路称为大功率供电电路，1000W 以下的电器所使用的电路称为小功率供电电路。也就是说，可以将照明支路、普通插座支路归为小功率供电电路，而将厨房支路、卫生间支路、空调支路归为大功率供电电路。

支路断路器的额定电流应选择大于该支路中所有可能会同时使用的家用电器的总的电流量。

（4）配电盘的安装

配电盘应安装在干燥、无震动和无腐蚀气体的场所（如客厅），配电盘的下沿离地一般大于等于 1.3m。图 3-39 所示为某一家庭两室一厅的配电盘安装线路。

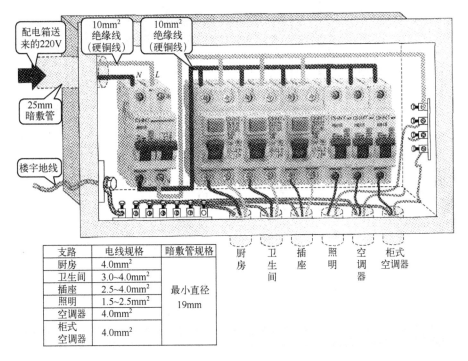

支路	电线规格	暗敷管规格
厨房	4.0mm²	
卫生间	3.0~4.0mm²	
插座	2.5~4.0mm²	最小直径 19mm
照明	1.5~2.5mm²	
空调器	4.0mm²	
柜式空调器	4.0mm²	

图 3-39 配电盘安装线路

3.5.2 室内照明线路安装任务实施

1. 任务目标

1）掌握室内照明线路布线技术要求。

2）了解配电盘的设计原则和安装要求。

3）熟悉导线的敷设，熟悉熔断器、开关、插座和照明灯具的安装。

2. 学生工作页

课题序号		日　期		地　点	
课题名称		室内照明线路的安装		任务课时	2

1. 训练内容

安装一室一厅的照明电路，要求：1）布置两盏灯，一盏为客厅的荧光灯，由单控开关控制，另一盏为卧室照明灯，由双控开关控制。2）两个插座，一个五孔插座，一个两孔插座。3）客厅进线处安装断路器。

2. 材料及工具

钢丝钳、嘴钳、螺钉旋具、剥线钳、铝片线卡、塑料线卡、单控开关、双控开关、白炽灯及灯座、荧光灯及灯座、五孔插座、两孔插座、双芯塑料护套线、双绞软线、布线操作板和万用表。

3. 训练步骤

提供安装一室一厅的照明线路安装参考图，如图 3-40 所示，完成原理图绘制、清单统计、实物安装及接线、通电检测等工作。

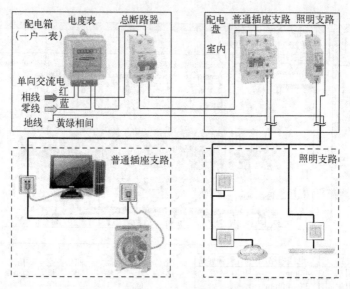

图 3-40　一室一厅照明电路安装参考图

1）画出电路原理图。

2）列出配件清单在表 3-8 中。

表 3-8　配件清单

序号	材料	数量	序号	材料	数量

3）在实训操作板上进行安装及接线，并进行通电检测。

4．课后体会

_____

_____

_____

_____

_____

3．工作任务评价表

组别_____姓名_____学号_____

序号	考核项目	评 分 标 准	配分	扣分	得分
1	器件安装	1）不按要求正确安装扣 15 分 2）元器件安装不牢固，每处扣 5 分 3）元器件安装不整齐、不均匀对称、不合理每只扣 5 分 4）损坏元器件扣 15 分	30		
2	布线	1）不按电路图接线扣 25 分 2）卡线扣固定不符合要求，每处扣 1 分 3）接线处未做绝缘处理或绝缘处理不符合要求，每处扣 5 分 4）导线乱线敷设扣 30 分	40		
3	通电试灯	1）第 1 次测试不成功扣 10 分 2）第 2 次测试不成功扣 20 分	20		
4	安全文明操作	1）穿拖鞋，衣冠不整，扣 5 分 2）安装完成后未进行工位卫生打扫，扣 5 分 3）工具摆放不整齐，扣 5 分	10		
	备　注	合计	100		

汇总得分			
	工作行为 100 分（50%）	工作质量 100 分（50%）	总得分 100 分
组长评分			
教师评分			

说明：① 工作行为部分主要由小组长评定，实行百分制，教师有权特别处理。
② 工作质量部分主要由教师抽查评定，实行百分制，其他组员成绩与抽查同学得分相同。
③ 教师具有否定权，最后总得分以教师评分为准。

3.6 思考与练习题

1．电流 $i = 10\sin\left(100\pi t - \dfrac{\pi}{3}\right)$，问它的三要素各为多少？在交流电路中，有两个负载，已知它们的电压分别为 $u_1 = 60\sin\left(314t - \dfrac{\pi}{6}\right)$V，$u_2 = 80\sin\left(314t + \dfrac{\pi}{3}\right)$V，求总电压 u 的瞬时值表达式，并说明 u、u_1、u_2 三者的相位关系。

2．两个频率相同的正弦交流电流，它们的有效值是 $I_1 = 8A$，$I_2 = 6A$，求在下面各种情况下，合成电流的有效值。

1）i_1 与 i_2 同相。

2）i_1 与 i_2 反相。

3）i_1 超前 i_2 90º。

4）i_1 滞后 i_2 60º。

3．把下列正弦量的时间函数用相量表示。

（1）　$u = 10\sqrt{2}\sin 314t$ V

（2）　$i = -5\sin(314t - 60°)$ A

4. 已知工频正弦电压 u_{ab} 的最大值为 311V，初相位为-60°，其有效值为多少？写出其瞬时值表达式；当 $t=0.0025$s 时，U_{ab} 的值为多少？

5. 图 3-41 所示正弦交流电路，已知 $u_1=220\sqrt{2}\sin314t$ V，$u_2=220\sqrt{2}\sin(314t-120°)$ V，试用相量表示法求电压 u_a 和 u_b。

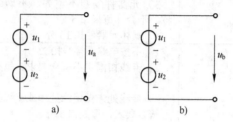

图 3-41　第 5 题图

6. 有一个 220V、100W 的电烙铁，接在 220V、50Hz 的电源上。要求：

1）绘出电路图，并计算电流的有效值。

2）计算电烙铁消耗的电功率。

3）画出电压、电流相量图。

7. 把 $L=51$mH 的线圈（线圈电阻极小，可忽略不计），接在 $u=220\sqrt{2}\sin(314t+60°)$ V 的交流电源上，试计算：

1）X_L。

2）电路中的电流 i。

3）画出电压、电流相量图。

8. 把 $C=140\mu$F 的电容器，接在 $u=10\sqrt{2}\sin314t$ V 的交流电路中，试计算：

1）X_C。

2）电路中的电流 i。

3）画出电压、电流相量图。

9. 有一线圈，接在电压为 48V 的直流电源上，测得电流为 8A。然后再将这个线圈改接到电压为 120V、50Hz 的交流电源上，测得的电流为 12A。试问线圈的电阻及电感各为多少？

10. 如图 3-42 所示，$U_1=40$V，$U_2=30$V，$i=10\sin314t$ A，则 U 为多少？写出其瞬时值表达式。

11. 图 3-43 所示正弦交流电路，已标明电流表 A_1 和 A_2 的读数，试用相量图求电流表 A 的读数。

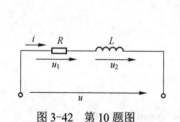

图 3-42　第 10 题图

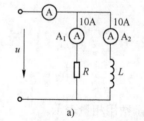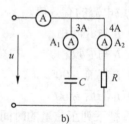

图 3-43　第 11 题图

12．用下列各式表示 RC 串联电路中的电压、电流，哪些是对的？哪些是错的？

（1）$i = \dfrac{u}{|Z|}$ 　　（2）$I = \dfrac{U}{R + X_C}$ 　　（3）$\dot{I} = \dfrac{\dot{U}}{R - j\omega C}$

（4）$I = \dfrac{U}{|Z|}$ 　　（5）$U = U_R + U_C$ 　　（6）$\dot{U} = \dot{U}_R + \dot{U}_C$

（7）$\dot{I} = -j\dfrac{\dot{U}}{\omega C}$ 　　（8）$\dot{I} = j\dfrac{\dot{U}}{\omega C}$

13．图 3-44 所示正弦交流电路中，已知 U=100V，U_R=60V，试用相量图求电压 U_L。

14．有一 RC 串联电路，接于 50Hz 的正弦电源上，如图 3-45 所示，R=100Ω，$C = \dfrac{10^4}{314}$ μF，

电压相量 $\dot{U} = 200\ \angle 0°$ V，求复阻抗 Z、电流 $\dot{I}$、电压 $\dot{U}_C$，并画出电压电流相量图。

15．有一 RL 串联的电路，接于 50Hz、100V 的正弦电源上，测得电流 I=2A，功率 P=100W，试求电路参数 R 和 L。

16．图 3-46 所示电路中，已知 u=100sin(314t+30°) V，i=22.36sin(314t+19.7°) A，i_2=10sin(314t+83.13°) A，试求：i_1、Z_1、Z_2 并说明 Z_1、Z_2 的性质，绘出相量图。

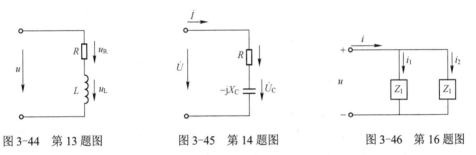

图 3-44　第 13 题图　　　图 3-45　第 14 题图　　　图 3-46　第 16 题图

17．图 3-47 所示电路中，X_R=X_L=2R，并已知电流表 A_1 的读数为 3A，试问 A_2 和 A_3 的读数为多少？

18．有一 RLC 串联的交流电路，已知 R=X_L=X_C=10Ω，I=1A，试求电压 U、U_R、U_L、U_C 和电路总阻抗 $|Z|$。

19．电路如图 3-48 所示，已知 ω=2rad/s，求电路的总阻抗 Z_{ab}。

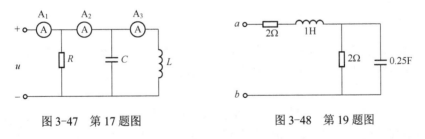

图 3-47　第 17 题图　　　　图 3-48　第 19 题图

20．电路如图 3-49 所示，已知 U=100V，R_1=20Ω，R_2=10Ω，X_L=$10\sqrt{3}$ Ω，求 1）电流 I，并画出电压电流相量图。2）计算电路的功率 P 和功率因数 $\cos\varphi$。

21．正弦交流电路如图 3-50 所示，已知 $\dot{U} = 100\ \angle 0°$ V，$Z_1 = 1 + j$ Ω，$Z_2 = 3 - j4$ Ω，

求 $\dot{I}$、$\dot{U}_1$、$\dot{U}_2$，并画出相量图。

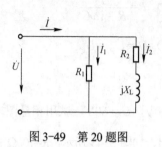

图 3-49　第 20 题图

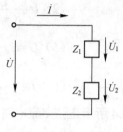

图 3-50　第 21 题图

22．正弦交流电路如图 3-51 所示，已知 $X_C=50\Omega$，$X_L=100\Omega$，$R=100\Omega$，电流 $\dot{I}=2\angle0°$ A，求电阻上的电流 $\dot{I}_R$ 和总电压 $\dot{U}$。

23．图 3-52 所示电路中，$u_S=10\sin314t$ V，$R_1=20\Omega$，$R_2=10\Omega$，$L=637$mH，$C=637\mu$F，求电流 i_1，i_2 和电压 u_C。

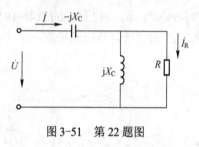

图 3-51　第 22 题图

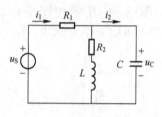

图 3-52　第 23 题图

24．图 3-53 所示电路中，已知电源电压 $U=12$V，$\omega=2000$rad/s，求电流 I、I_1。

25．图 3-54 所示电路中，已知 $R_1=40\Omega$，$X_L=30\Omega$，$R_2=60\Omega$，$X_C=60\Omega$，接至 220V 的电源上。试求各支路电流及总的有功功率、无功功率和功率因数。

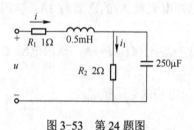

图 3-53　第 24 题图

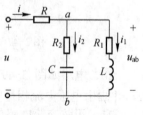

图 3-54　第 25 题图

26．电路如图 3-55 所示，已知 $R=R_1=R_2=10\Omega$，$L=31.8$mH，$C=318\mu$F，$f=50$Hz，$U=10$V，试求并联支路端电压 U_{ab} 及电路的 P、Q、S 及功率因数 $\cos\varphi$。

27．今有一个 40W 的荧光灯，使用时灯管与镇流器（可近似把镇流器看作纯电感）串联在电压为 220V，频率为 50Hz 的电源。已知灯管工作时属于纯电阻负载，灯管两端的电压等于 110V，试求镇流器上的感抗和电感。这时电路的功率因数等于多少？若将功率因数提高到 0.8，问应并联多大的电容器？

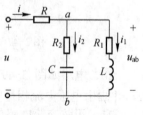

图 3-55　第 26 题图

28．一个负载的工频电压为 220V，功率为 10kW，功率因数为 0.6，欲将功率因数提高到 0.9，试求需并联多大的电容器。

29．某单相 50Hz 的交流电源，其额定容量 S_N=40kVA，额定电压 U_N=220V，供给照明电路，若负载都是 40W 的荧光灯（可以认为是 RL 串联的电路），其功率因数为 0.5，试求：

1）这样的荧光灯最多可接多少只？

2）用补偿电容将功率因数提高到 1，这时电路的总电流是多少？需用多大的补偿电容？

3）功率因数提高到 1 后，除供给以上荧光灯照明外，若保持电源在额定情况下工作，还可以多点 40W 的白炽灯多少盏？

项目 4　小型变压器的制作与测试

知识目标

◆ 熟悉磁路的基本概念和基本物理量。

◆ 熟悉磁路的基本定律。

◆ 熟悉互感线圈同名端的判断方法。

◆ 熟悉小型变压器的结构。

◆ 熟悉小型变压器的设计方法。

◆ 熟悉小型变压器的制作与测试方法。

能力目标

◆ 会正确分析磁路的物理量。

◆ 会运用磁路的基本定律进行简单的计算。

◆ 会判断互感器同名端。

◆ 会绕制和测试小型变压器。

4.1　任务 1　认识磁路

布置任务

你知道磁场是怎么产生的吗？磁路和电路有什么区别？让我们一起来学习吧!

4.1.1　磁场与磁力线

1. 磁场的概念

1）磁场：磁体周围存在的一种特殊的物质称为磁场。磁体间的相互作用力是通过磁场传送的。磁体间的相互作用力称为磁场力，同名磁极相互排斥，异名磁极相互吸引。

2）磁场的性质：磁场具有力的性质和能量性质。

3）磁场方向：在磁场中某点放一个可自由转动的小磁针，静止时 N 极所指的方向即为该点的磁场方向。

2. 磁力线

（1）定义

在磁场中画一系列曲线，使曲线上每一点的切线方向都与该点的磁场方向相同，这些曲线称为磁力线，如图 4-1 所示。

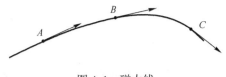

图 4-1 磁力线

（2）特点

1）磁力线的切线方向表示磁场方向，其疏密程度表示磁场的强弱。

2）磁力线是闭合曲线，在磁体外部，磁感线由 N 极出来，绕到 S 极；在磁体内部，磁力线的方向由 S 极指向 N 极。

3）任意两条磁力线不相交。

4.1.2 磁场的基本物理量

1. 磁动势 F

磁动势用 F 来表示，它的标准定义是电流流过导体所产生磁通量的势力，是用来度量磁场或电磁场的一种量，类似于电场中的电动势或电压，可以用它来衡量或预见通电线圈实际能够激发磁通量的势力。

磁动势可以用三个公式来表示：

1）$F=\Phi\cdot R_m$，作用在磁路上的磁动势 F 等于磁路内的磁通量 Φ 与磁阻 R_m 的乘积。$\Phi=BS$（S 为与磁场方向垂直的平面的面积），$R_m=L/\mu S$（L 表示磁路长度，S 表示磁路横截面积）。

2）$F=N\cdot I$，通电线圈产生的磁动势 F 等于线圈的匝数 N 和线圈中所通过的电流 I 的乘积，也称为磁通势。

3）$F=H\cdot L$，F 是磁场强度 H 在磁路 L 上的积分，H 为磁场强度，L 表示磁路长度。

磁动势的国际单位是安培·匝数（At），代表一匝导线线圈流过 1 安培电流时所产生的磁势。

2. 磁通 Φ

磁通的符号是 Φ，表示穿过某一截面的磁力线总和。跟磁动势和磁阻存在以下关系：

$$\Phi=\frac{F}{R_m}=\frac{NI}{\dfrac{l}{\mu S}}=\frac{\mu SNI}{l} \tag{4-1}$$

$$R_m=\frac{l}{\mu S} \tag{4-2}$$

式中，R_m 为磁阻，表示磁路对磁通具有阻碍作用的物理量，磁路中磁阻的大小与磁路的长度 l 成正比，与磁路的横截面积 S 成反比，并与组成磁路的材料性质有关；

μ 为磁导率，单位 H/m；长度 l 和截面积 S 的单位分别为 m 和 m^2。因此，磁阻 R_m 的单位为 1/亨（1/H）。由于磁导率 μ 不是常数，所以 R_m 也不是常数。

磁通 Φ 的国际单位是韦伯（Wb）。

3. 磁感应强度 B

磁感应强度的符号是 B，表示磁场内某点的磁场强弱和方向的物理量。磁场中垂直于磁场方向的通电直导线所受的磁场力 F 与电流 I 和导线长度 L 的乘积 IL 的比值叫作通电直导线所在处的磁感应强度即：

$$B = \frac{\Phi}{S} = \frac{F}{IL} \qquad (4-3)$$

磁感应强度 B 与电流 I 之间的方向关系可用右螺旋定则来确定，磁感应强度是一个矢量，它的方向即为该点的磁场方向。

在国际单位制中，磁感应强度的单位是：特斯拉（T）。

用磁力线可形象地描述磁感应强度 B 的大小，B 较大的地方，磁场较强，磁力线较密；B 较小的地方，磁场较弱，磁力线较稀；磁力线的切线方向即为该点磁感应强度 B 的方向。

匀强磁场中各点的磁感应强度大小和方向均相同。

4. 磁场强度 H

磁场强度的符号是 H，表示作用在磁路单位平均长度上的磁动势。

$$H = \frac{F}{l} \qquad (4-4)$$

5. 磁导率 μ

磁导率的符号 μ，表示在空间或在磁心空间中的线圈流过电流后、产生磁通的阻力或者是其在磁场中导通磁力线的能力、其公式为 $\mu = B/H$，其中 H 为磁场强度、B 为磁感应强度，μ 为介质的磁导率，或称为绝对磁导率。相对磁导率是指表示任何一种物质的磁导率 μ 和真空的磁导率 μ_0 的比值。

$$\mu_r = \frac{\mu}{\mu_0} \qquad (4-5)$$

式中，$\mu_0 = 4\pi \times 10^{-7}$（$H/m$）；$\mu_r \gg 1$ 为磁性材料；$\mu_r \approx 1$ 为非磁性材料。

顺磁性物质：μ_r 略大于 1，如空气、氧、锡、铝和铅等物质都是顺磁性物质。在磁场中放置顺磁性物质，磁感应强度 B 略有增加。

反磁性物质：μ_r 略小于 1，如氢、铜、石墨、银和锌等物质都是反磁性物质，又称为抗磁性物质。在磁场中放置反磁性物质，磁感应强度 B 略有减小。

铁磁性物质：$\mu_r \gg 1$，且不是常数，如铁、钢、铸铁、镍和钴等物质都是铁磁性物质。在磁场中放入铁磁性物质，可使磁感应强度 B 增加几千甚至几万倍。

4.1.3 磁化与磁滞

1. 磁化

本来不具备磁性的物质，由于受磁场的作用而具有了磁性的现象称为该物质被磁化。只有铁磁性物质才能被磁化。

被磁化的原因有内因和外因，内因：铁磁性物质是由许多被称为磁畴的磁性小区域组成的，每一个磁畴相当于一个小磁铁；外因：有外磁场的作用。

2. 磁化曲线

磁化曲线表示铁磁性材料的磁化性能的曲线。磁化过程与磁化曲线如图 4-2 所示，图 4-2a 是磁化过程，图 4-2b 是磁化曲线，分为几个阶段，每一阶段其磁感应强度跟随磁场强度的变化不同。

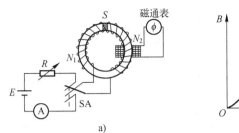
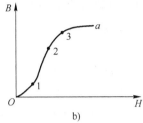

图 4-2 磁化过程与曲线

a) 磁化过程 b) 磁化曲线

1）0～1 段：曲线上升缓慢，这是由于磁畴的惯性，当 H 从零开始增加时，B 增加缓慢，称为起始磁化段。

2）1～2 段：随着 H 的增大，B 几乎直线上升，这是由于磁畴在外磁场作用下，大部分都趋向 H 方向，B 增加很快，曲线很陡，称为直线段。

3）2～3 段：随着 H 的增加，B 的上升又缓慢了，这是由于大部分磁畴方向已转向 H 方向，随着 H 的增加只有少数磁畴继续转向，B 增加变慢。

4）3 位置以后：到达 3 位置以后，磁畴几乎全部转到了外磁场方向，再增大 H 值，B 也几乎不再增加，曲线变得平坦，称为饱和段，此时的磁感应强度称为饱和磁感应强度。

图 4-3 给出了几种不同铁磁性物质的磁化曲线，从曲线上可看出，在相同的磁场强度 H 下，硅钢片的 B 值最大，铸铁的 B 值最小，说明硅钢片的导磁性能比铸铁要好得多。

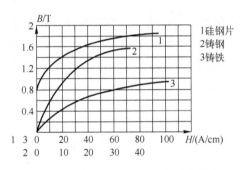

图 4-3 几种不同铁磁物质的磁化曲线

3．磁滞现象与磁滞回线

磁化曲线只反映了铁磁性物质在外磁场由零逐渐增强的磁化过程，而很多实际应用中，铁磁性物质是工作在交变磁场中的。所以，必须研究铁磁性物质反复交变磁化的问题。

1）当 B 随 H 沿起始磁化曲线达到饱和值以后，逐渐减小 H 的数值，由图 4-4 可看出，B 并不沿起始磁化曲线减小，而是沿另一条在它上面的曲线 ab 下降。

2）当 H 减小到零时，$B \neq 0$，而是保留一定的值称为剩磁，用 B_r 表示。永久性磁铁就是利用剩磁很大的铁磁性物质制成的。

3）为消除剩磁，必须加反向磁场，随着反向磁场的增强，铁磁性物质逐渐退磁，当反向磁场增大到一定值时，B 值变为 0，剩磁完全消失，如图 4-4 所示的 bc 段。bc 段曲线称为退磁曲线，这时 H 值是为克服剩磁所加的磁场强度，称为矫顽磁力，用 H_C 表示。矫顽磁力的大小反映了铁磁性物质保存剩磁的能力。

4）当反向磁场继续增大时，B 值从 0 起改变方向，沿曲线 cd 变化，并能达到反向饱和点 d。

5）使反向磁场减弱到 0，B—H 曲线沿 de 变化，在 e 点 $H = 0$，再逐渐增大正向磁场，B—H 曲线沿 efa 变化，完成一个循环。

6）从整个过程看，B 的变化总是落后于 H 的变化，这种现象称为磁滞现象。经过多次循环，可得到一个封闭的对称于原点的闭合曲线（$abcdefa$），称为磁滞回线。

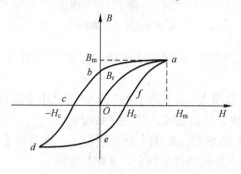

图 4-4　磁滞回线

可见，铁心线圈通入交流电，铁心将被反复磁化，由于磁畴本身存在"惯性"，磁通的变化滞后于线圈电流的变化称为磁滞现象。反复磁化形成的封闭曲线称为磁滞回线。

4. 涡流

交变磁通若穿过铁心会在铁心中产生感应电动势从而产生感应电流的现象，如图 4-5a 所示。为了减小涡流将铁心做成许多彼此绝缘的薄片，如图 4-5b 所示。涡流在铁心电阻上引起损耗会使铁心发热并消耗能量称为涡流损耗。涡流损耗和磁滞损耗之和称为铁损，其值与磁通量和频率有关，二者值越大铁损越大。

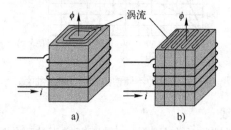

图 4-5　涡流现象

4.1.4　磁路及其基本定律

1. 磁通与磁路

主磁通与漏磁通如图 4-6 所示，当线圈中通以电流后，大部分磁力线沿铁心、衔铁和工作气隙构成回路，这部分磁通称为主磁通；还有一部分磁通，没有经过气隙和衔铁，而是经空气自成回路，这部分磁通称为漏磁通。

磁通经过的闭合路径称为磁路。磁路和电路一样，分为有分支磁路和无分支磁路两种类型。

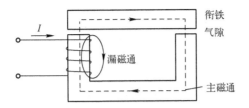

图 4-6　主磁通与漏磁通

2. 安培环路定律

任何磁场都是由电流产生的,安培环路定律就是描述激磁电流与磁场之间的关系。磁场中任何闭合回路磁场强度的线积分,等于通过这个闭合路径内电流的代数和。

$$\oint H \cdot dl = IN \qquad (4-6)$$

若电流方向和磁场强度的方向符合右手螺旋定则,则电流取正,否则取负。如果在均匀磁场中,沿着回线 L 磁场强度 H 处处相等,则 $HL=NI$。

3. 磁路欧姆定律

磁路的欧姆定律如图 4-7 所示,它在形式上与电路的欧姆定律相似。

$$\Phi = \frac{F}{R_m} = \frac{NI}{R_m} \qquad (4-7)$$

$$R_m = \frac{l}{\mu S} \qquad (4-8)$$

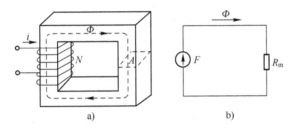

图 4-7　磁路的欧姆定律

【例 4-1】　有一闭合铁心磁路,铁心的截面积 $S=9\times10^{-4}\mathrm{m}^2$,磁路的平均长度 $l=0.3\mathrm{m}$,铁心的磁导率 $\mu_{\mathrm{Fe}}=50000\mu_0$,套装在铁心上的励磁绕组为 500 匝。试求在铁心中产生 1T 的磁通密度时,需要多少励磁磁动势和励磁电流?

解:根据安培环路定律,有:

$$H = B / \mu_{\mathrm{Fe}} = \frac{1}{50000 \times 4\pi \times 10^{-7}} \mathrm{A/m} = 159\mathrm{A/m}$$

$$F = Hl = 159 \times 0.3\mathrm{A} = 47.7\ \mathrm{A}$$

$$I = F / N = 47.7 / 500\mathrm{A} = 9.54 \times 10^{-2}\ \mathrm{A}$$

4. 磁路的基尔霍夫定律

磁路的基尔霍夫第一定律:磁路的分支节点所连各支路磁通的代数和等于零,如图 4-8 所示有:

$$-\Phi_1 + \Phi_2 + \Phi_3 = 0 \text{ 或 } \sum \Phi = 0 \qquad (4-9)$$

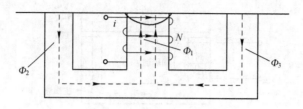

图 4-8　磁路的基尔霍夫第一定律

磁路的基尔霍夫第二定律：任一闭合磁路上磁动势的代数和恒等于磁压降的代数和，如图 4-9 所示。有：

$$NI = \sum_{k=1}^{3} H_k l_k = H_1 l_1 + H_2 l_2 + H_\delta \delta = \phi_1 R_{m1} + \phi_2 R_{m2} + \phi_\delta R_{m\delta} \tag{4-10}$$

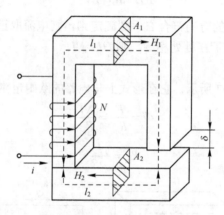

图 4-9　磁路的基尔霍夫第二定律

5. 磁路与电路的区别

磁路和电路有相似之处，也有区别：

1）电路中有电流 I 时，就有功率损耗；而在直流磁路中，维持一定磁通量，铁心中没有功率损耗。

2）电路中的电流全部在导线中流动；而在磁路中，总有一部分漏磁通。

3）电路中导体的电阻率在一定的温度下是恒定的；而磁路中铁心的磁导率随着饱和程度而有所变化。

4）对于线性电路，计算时可以用叠加原理；而在磁路中，B 和 H 之间的关系为非线性，因此计算时不可以用叠加原理。

6. 交流磁路

交流磁路中，激磁电流是交流，因此磁路中的磁动势及其所激励的磁通均随时间而交变，但每一瞬时仍与直流磁路一样，遵循磁路的基本定律。就瞬时值而言，正常情况下，可以使用相同的基本磁化曲线。磁路计算时，为表明磁路的工作点和饱和情况，磁通量和磁通密度均用交流的幅值表示，磁动势和磁场强度则用有效值表示。

交变磁通除了会引起铁心损耗之外，还有两个效应：

1）磁通量随时间交变，必然会在激磁线圈内产生感应电动势；

2）磁饱和现象会导致电流、磁通和电动势波形的畸变。

有关交流磁路和铁心线圈的计算，在变压器设计任务中作进一步的说明。

4.2 任务 2 小型变压器的制作与测试

布置任务

你知道小型变压器是怎么制作的吗？如何进行测试？让我们一起来学习吧！

4.2.1 互感与互感系数

1. 互感

当线圈中通以电流时会产生磁通，使其具有磁链，直流产生的磁通为不变磁通，交变电流产生变化磁通、变化磁链。由变化磁通在线圈自身两端引起了自感电压，这种现象称为自感现象。

图 4-10 所示为互感线圈。两个相邻放置的线圈 1 和 2，它们的匝数分别为 N_1 和 N_2。当 N_1 线圈通入电流，线圈 1 中产生自感磁链与自感磁通，线圈 2 中产生互感磁链与互感磁通，互感的大小反映一个线圈的电流在另一个线圈中产生磁链的能力。

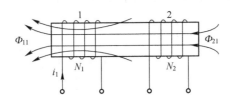

图 4-10 互感线圈

由于一个线圈的电流变化而在另一个线圈中产生感应电压的现象称为互感现象。互感的单位与自感的单位相同，都是亨利，符号为 H。

2. 互感系数

关联参考方向下，互感磁链与产生互感磁链的电流的比值，称为互感系数。即：

$$M = \frac{\Psi_{21}}{i_1} = \frac{\Psi_{12}}{i_2} \tag{4-11}$$

工程上常用耦合系数 K 来表示两线圈的耦合松紧程度，其定义为 $M = K\sqrt{L_1 L_2}$

则：

$$K = \frac{M}{\sqrt{L_1 L_2}} \tag{4-12}$$

由于互感磁通是自感磁通的一部分，所以 $K \leqslant 1$。K 值越大，说明两个线圈之间耦合越紧，当 $K=1$ 时，称全耦合，当 $K=0$ 时，说明两线圈没有耦合。

耦合系数 K 的大小与两线圈的结构、相互位置以及周围磁介质有关。图 4-11a 所示的两线圈绕在一起，其 K 值可能接近 1。相反，如图 4-11b 所示，两线圈相互垂直，其 K 值可能近似为零。由此可见，改变或调整两线圈的相互位置，可以改变耦合系数 K 的大小。

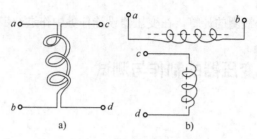

图 4-11　不同绕制方式的互感线圈

a) 两线圈绕在一起　b) 两线圈相互垂直

4.2.2　同名端

1. 同各端的标记

互感线圈的同名端是这样规定的：如果两个互感线圈的电流 i_1 和 i_2 所产生的磁通是相互增强的，那么，两电流同时流入（或流出）的端钮就是同名端；如果磁通相互削弱，则两电流同时流入（或流出）的端钮就是异名端。同名端用标记 ".""*" 或 "△" 标出，另一端则无须再标。图 4-12a 所示标出互感线圈的同名端。

同名端总是成对出现的，如是有两个以上的线圈彼此间都存在磁耦合时，同名端应一对一对地加以标记，每一对须用不同的符号标出，如图 4-12b 所示。

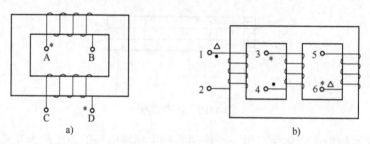

图 4-12　同名端的标记

a) 互感线圈同名端　b) 两个以上线圈同名端

2. 同名端的测定

同名端的测定有观察法和实验法，观察法即根据绕组的绕向判断，取绕组上端为首端，下端为末端。绕向相同时，首端和首端为同极性端，尾端和尾端为同极性端，如图 4-13a 所示；绕向相反时，首端和尾端为同极性端，尾端和首端为同极性端，如图 4-13b 所示。

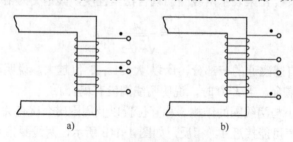

图 4-13　观察法判定同名端

a) 绕向相同　b) 绕向相反

实验法：对于难以知道实际绕向的两线圈，可以采用实验的方法来测定同名端，有直流法和交流法。

（1）直流法

原理：按图 4-14 电路连接，A 和 B 为两待测绕组。开关 S 闭合瞬间，绕组 A 将产生感生电动势从而引起绕组 B 也产生感生电动势，根据电流表指针方向可判断其方向，再根据定义判断同极性端。

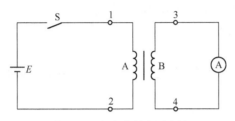

图 4-14　直流法判定同名端

结论：开关闭合瞬间若电流表正向偏转，1 和 3 为同极性端，反向偏转，2 和 4 为同极性端。

（2）交流法

按图 4-15 电路连接，A 和 B 为两待测绕组。

原理：根据楞次定律可判断绕组中产生的感生电动势的方向，对于交流信号来说，若瞬时方向相同，叠加为求和，若瞬时极性相反，叠加为求差。

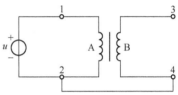

图 4-15　交流法判定同名端

结论：$U_{13} = U_{12} + U_{34}$　则 1 和 4 为同极性端。

$U_{13} = U_{12} - U_{34}$　则 1 和 3 为同极性端。

4.2.3　变压器的结构与原理

1. 变压器的结构

变压器是由铁心、线圈和其他配件组成的，如图 4-16 所示。

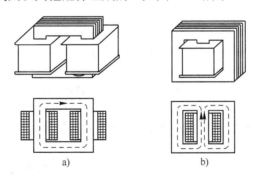

图 4-16　变压器铁心结构

a) 心式　b) 壳式

（1）铁心

铁心是磁路的通道，用彼此绝缘的硅钢片叠成，目的是增加电阻，减小涡流和磁滞损耗。有心式和壳式两种结构型式。

（2）绕组

绕组是电流的载体，有一次绕组和二次绕组。一次绕组又称为原绕组，是和电源相连的线圈；二次绕组又称为副绕组是与负载相连的线圈。

心式铁心结构的绕组分装在两个铁心柱上，结构简单，用铁量较少，适用于容量大、电压高的变压器。

壳式铁心结构的绕组装在同一个铁心上，绕组呈上下缠绕或里外缠绕，机械强度好，铁心散热好，适用于小型变压器。

（3）其他附件

变压器的其他配件有绝缘层（绝缘纸）、冷却设备如（油箱、散热器等）、铁壳或铝壳（起电磁屏蔽作用）。

2．变压器的图形符号

变压器的图形符号如图 4-17 所示，1、2 为一次绕组；3、4 为二次绕组；u_1、u_2 分别为输入与输出电压。

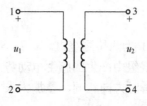

图 4-17　变压器图形符号

3．变压器的工作原理

（1）理想变压器

当变压器的漏感、铁心的铁损、线包的铜损以及空载的励磁电流都忽略不计时，变压器可看成理想变压器。理想变压器的变换关系如下：

$$\frac{U_1}{U_2} = \frac{N_1}{N_2} = n \tag{4-13}$$

$$\frac{I_1}{I_2} = \frac{N_2}{N_1} = \frac{1}{n} \tag{4-14}$$

$$Z_1 = \left(\frac{N_1}{N_2}\right)^2 Z_L = n^2 Z_L \tag{4-15}$$

式中 N_1 和 N_2 为一次侧和二次侧级线圈的匝数，n 为变压器的变比。

（2）实际变压器

实际变压器的励磁电流 I_o 不能忽略，漏感、铁损和铜损等都存在，它们带来能量损失。大容量变压器的这些损失较小，它们的效率可达 98%～99%，小型变压器的能量损失比例较大，它们的效率约为 70%～85%。变压器是根据电磁感应原理工作的，当铁心的电感可以看作线性时，绕组中的感应电压有效值为：

$$U = 4.44 fN B_m S \tag{4-16}$$

式中，f 是电源频率；N 是线圈匝数；B_m 是线圈中磁感应强度的最大值，S 是铁心的截面积。

式（4-16）是变压器设计的主要依据。横截面积 S 的大小取决于变压器传送功率的大小，B_m 取决于铁心材料，它必须小于材料的饱和的磁感应强度。S 和 B_m 确定后，根据电源频率 f 和需要的电压 U，则可找出绕组的匝数 N。

4.2.4 变压器设计

业余制作的小型电源变压器多是壳型结构的。这种变压器的铁心是 EI 型的，一次、二次绕组绕成一个线包，套在 E 型铁心的中心柱上，图 4-18 所示为壳型变压器结构，有夹板固定式和夹子固定式两种。

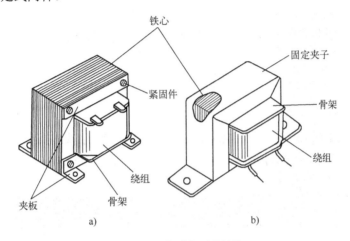

图 4-18　壳型变压器结构

a) 夹板固定式　b) 夹子固定式

对一个变压器做出精确的设计是比较复杂的，这里介绍一种采用经验公式设计的方法，这个方法简单、实用，初学者容易掌握。

1. 设计步骤

（1）确定变压器功率，如果负载需要有 U_2、U_3…几种电压，而相应的电流分别为 I_2、I_3…则负载功率 $P_2 = U_2 I_2 + U_3 I_3 \cdots$

这里用可能的最大功率——视在功率代替负载功率。

由于变压器效率 $\eta = P_2 / P_1$，故 $P_1 = P_2 / \eta$，对于小型变压器 η 取 70%～85%，由 P_1 和 U_1 可求出一次侧电流 $I_1 = P_1 / U_1$。

（2）使用经验公式求出铁心的截面积 S（单位是 cm^2）

$$S = K_0 \sqrt{P_0}$$

式中，$P_0 = (P_1 + P_2) / 2$，K_0 是由硅钢片质量来确定的系数，对于 $B_m = 10000\text{GS}$（$1\text{T} = 10^4 \text{GS}$）以上的硅钢片，$K_0$ 可取小一些，对于 $B_m = 10000\text{GS}$ 以下的硅钢片 K_0 应取大一些。K_0 的取值范围是 1～2。S 为有效面，考虑到铁心由硅钢片叠成，硅钢片表面有绝缘

层，有效面积应大于实际面积乘上叠厚系数 K。

因为：$S = KS'$ 所以 $S' = \dfrac{S}{K}$

K 一般取 0.9。而实际截面积 $S' = a \times b$

式中，a 为铁心舌宽（cm），b 为铁心叠厚（cm）。

通常小型变压器的舌宽与叠厚的关系为：

$$b = (1 \sim 2)a$$

根据上式可定出硅钢片的规格（舌宽）和叠厚。

（3）定出每伏匝数 n_o 和各绕组的匝数

把式子 $U = 4.44 fNB_m S$ 略作变换得到

$$n_o = \frac{N}{U} = \frac{1}{4.44 fB_m S}$$

式中，n_o 为每伏匝数。电源的 f 已知为 50Hz，B_m 和 S 的单位若改为 GS 和 cm^2，则得：

$$n_o = \frac{4.5 \times 10^5}{B_m S} \quad （匝/伏）$$

一次侧线圈匝数 $\qquad\qquad N_1 = n_o U_1$

考虑到二次侧线圈加上负载后有一定电压降，二次侧各绕组的匝数应增加 5％左右，则：

$$N_2 = n_o(1 + 0.05)U_2 \qquad N_3 = n_o(1 + 0.05)U_3$$

（4）确定各绕组导线的线径

考虑到导线存在电阻和变压器允许的温升，小型变压器绕组导线的电流密度 J 一般取 $2.5 \mathrm{A/mm^2}$，有时对外层绕组也可取 $J = 3 \mathrm{A/mm^2}$，这样可根据各绕组电流求出线径：

$$d = 0.71\sqrt{I}\,(\mathrm{mm}) \qquad (J = 2.5\mathrm{A/mm^2})$$

$$d = 0.65\sqrt{I}\,(\mathrm{mm}) \qquad (J = 3\mathrm{A/mm^2})$$

（5）核算铁心窗口是否能容纳下线包

按照线包各绕组的匝数、线径、绝缘材料及线圈骨架的厚度和静电屏层来核算整个线包所占铁心窗口的面积，它应小于铁心窗口，否则绕成后，有可能放不下，导致前功尽弃。注意核算应留有一定的余量，这对初学者尤其重要。

窗口面积 A_0 可按下式计算：$A_0 = k_w(F_1 N_1 + F_2 N_2 + \cdots + F_N N_N)$。

式中，F_1、$F_2 \cdots F_N$ 分别为各绕组导线的横截面积；N_1、$N_2 \cdots N_N$ 分别为各绕组的匝数；k_w 为填充系数，主要考虑到各绕组间的层间绝缘物要占一定的面积，k_w 取 1.2～1.8。

【例 4-2】 设计一小型电源变压器，电源电压 $U_o = 220 \mathrm{V}$，次组两个绕组，每绕组电压 $U_2 = 15 \mathrm{V}$，电流 $I_2 = 0.75 \mathrm{A}$。

解：（1）确定功率

$$P_2 = 2U_2 I_2 = 2 \times 15 \times 0.75\mathrm{W} = 22.5\mathrm{W}$$

η 取 0.8，则： $\qquad\qquad P_1 = \dfrac{P_2}{\eta} = \dfrac{22.5}{0.8}\mathrm{W} = 28.1\mathrm{W}$

$$I_1 = \frac{P_1}{V_1} = \frac{28.1}{220}A = 0.127A$$

$$P_o = \frac{P_1 + P_2}{2} = \frac{28.1 + 22.5}{2}W = 25.3W$$

（2）确定S和a、b

$$S = K_c\sqrt{P_o}$$

因为硅钢片质量较好，$B_m = (1.1 \sim 1.2)10^4 GS$，所以取 $K_o = 1.3$。

则

$$S = 1.3\sqrt{25.3}cm^2 = 6.54cm^2$$

$$S' = \frac{S}{0.9} = \frac{6.54}{0.9}cm^2 = 7.26cm^2$$

选舌宽 $a = 2.6cm$ 的硅钢片

则

$$b = \frac{S'}{a} = \frac{7.26}{2.6}cm = 3.0cm = 30mm$$

（3）确定n_o，N_1，N_2

取$B_m = 1.2 \times 10^4 GS$，则$n_o = (4.5 \times 10^5)/(1.2 \times 10^4 \times 6.54)$匝/伏$= 5.8$匝/伏

取$n_o = 6$匝/伏

$$N_1 = n_o U = 6 \times 220匝 = 1320匝$$

$$\begin{aligned}N_2 &= 2 \times n_o \times (1 + 0.05)U_2 \\ &= 2 \times 6 \times 1.05 \times 15匝 \\ &= 2 \times 95匝\end{aligned}$$

（4）确定导线线径

$$d_1 = 0.71\sqrt{0.127}mm \approx 0.25mm \qquad 取 J = 2.5A/mm^2$$

$$d_2 = 0.65\sqrt{0.75}mm \approx 0.56mm \qquad 取 J = 3A/mm^2$$

（5）窗口面积的核算（略）

4.2.5 小型电源变压器的制作

1. 任务目标

1）掌握小型变压器手工制作的方法及流程。

2）会制作及测试小型变压器。

2. 学生工作页

课题序号		日　期		地　点	
课题名称		小型电源变压器的制作		任务课时	4+课后
1．训练内容 1）了解小型变压器手工制作方法及流程。 2）动手制作小型变压器。 3）简单测试小型变压器的好坏及相关特性。					
2．材料及工具 1）材料准备：漆包线、制作骨架的材料、绝缘材料（包括青壳纸、绝缘纸和绝缘漆）、做引线用的材料、硅钢片、紧固支架和紧固螺栓、螺母等。					

2）工具准备：数字绕线机、木芯、电路焊接的工具一套、松香与焊锡以及万用表等。

3. 训练步骤

1）制作木心与线圈骨架。

本次绕制的木芯和线圈骨架由实验室提供，制作方法不作介绍。

2）线包的绕制。

线包绕制的好坏，是决定变压器质量的关键。绕线前先裁剪好层间的绝缘纸，绝缘纸的宽度应稍长于骨架的内宽度，长度应大于骨架的周长。

对绕制线圈的要求是：线圈要绕得紧，外一层要紧压在内一层上。绕线要密，每两根导线之间尽可能达到无空隙，若空隙大，将造成后一层导线下陷，影响平整。绕线要平，每层导线排列整齐，不重叠。

绕线中，着重注意以下几个问题：

① 做好引出线。

变压器每一组线圈都有两个或两个以上的引出线，一般用多股软线，较粗的铜线或铜皮剪成的焊片。将其焊在线圈端头，用绝缘材料包扎好后，引线出头从骨架端面上预先打好的孔伸出，以备连接外电路。引线出头的做法如下。

习惯上绕线圈的漆包线直径在 0.2mm 以上都用本线直接引出。直径在 0.2mm 以下的，一般用多股软线做引出线，条件许可的，才用薄铜皮做成的焊片做引出线头。加接引出线头用两条长的青壳纸或绝缘纸片将一段多股光导线或窄的薄铜皮包夹在纸中间，导电部分不能外露。接线时在漆包线的起始端把线头上的绝缘漆刮去用焊锡把线圈端头和引出线焊牢，绕线时注意用后面绕的线圈的导线将引出线压紧。当线圈绕到最后一层时，可事先将另外一根引出线放好，把最后一层漆包线绕在上面，结尾时翻开引出线后面一段铜片，将线圈尾端与引出线焊牢，再包上绝缘。

② 绕线。

采用数字式绕线机，根据要求设定好绕制的圈数，把骨架固定在绕线机的轴上，启动绕制则可，可固定安排一人操作。

③ 中间抽头。

所制作变压器是两个绕组的，不需要分开绕线，只要在同一线圈中抽出几个线头来做引出线即可。这种作法称为中间抽头。

3）绕包绕好后，外面用厚的绝缘纸或青壳纸扎好，外现显得整齐、美观。

4）铁心的装配。

装配铁心前，应先熟悉硅钢片的检查和选用。在使用前必须对铁心进行以下检查：

第一，检查硅钢片是否平整，冲制时是否留下毛刺。不平整会影响铁心装配质量，有毛刺容易造成磁路短路会增大涡流。

第二，检查表面是否锈蚀。锈蚀后的斑块会增加硅钢片厚度，减小铁心有效横截面，同时又容易吸潮，降低变压器的绝缘性能。

第三，检查硅钢片表面绝缘漆是否良好，如有剥落，应重刷绝缘漆。

第四，检查硅钢片含硅量是否大体符合要求，硅钢片含硅量高，铁心的导磁性能就好。通常硅钢片的含硅量都不超过 4.5%，含硅量太高，容易碎裂，影响机械性能。而且对铁心导磁性能也并无多大的改善。一般要求硅钢片含硅量在 3%～4%为正常。含硅量太低，铁心导磁性能将受到影响，做成的变压器损耗也会增大。要检查硅钢片的含硅量。可用折弯的方法进行估计。做法是用钳子夹住硅钢片的一角将其弯成直角的即能折断，含硅量在 4%以上。弯成直角后又回复到原状才折断的，含硅量接近 4%，如反复弯 3、4 次才折断的，含硅量约 3%。含硅量在 2%以下的硅钢片很软，难于折断。

对于电源变压器的铁心装配，通常采用交叉插片法。先在线圈骨架左侧插入 E 型硅钢片（根据情况可插 1～4 片）。接着在骨架右侧也插入相应的片数。这样左右两侧交替对插，直到插满。最后将 I 型硅钢片（横条）按铁心剩余空隙厚度叠好插过去即可。

需要指出的是，初学者在插片时容易出现两种毛病，第一是发生"抢片"现象，第二是硅钢片位置错开。所谓抢片就是指双边插片时一层的硅钢片交叉插到另一层去了，在出现抢片时如未发现，继续对硅钢片进行敲打，必然损坏硅钢片，因此一旦发现抢片，应立即停止敲打，将抢片的硅钢片取出，整理平直后重新插片。不然这一侧硅钢片敲不过去，另一侧的横条也插不进来。

硅钢片位置错开，产生原因是在安放铁心时，硅钢片的舌片没有和线圈骨架的空腔对准，这时舌片抵在骨架上。敲打时往往给操作者一个铁心已插紧的错觉，这时如果强行将这块硅钢片敲过去时，应仔细检查原因，不可急躁。当线包尺寸偏厚使插片困难时，可将线包套以木芯，用两块板护住线包在台钳上夹扁一些，就好安放铁心了。

5）初步检测。

制作好的变压器应进行以下几项初步的检测

① 外观检查，检查线圈引线有无断线、脱焊、绝缘材料有无烧焦、有无机械损伤，然后通电检查有无焦味或冒烟，如有，应排除故障后再做其他检查。

② 用绝缘电阻表检测各线圈之间、各线圈与铁心之间、与屏蔽层之间的绝缘电阻应在200MΩ以上。

③ 测空载电流。把交流电流表串接在一次侧电路中，测定一次侧的空载电流。一般小型电源变压器的空载电流为满载电流的10%～15%。

④ 测定二次侧的空载电压和额定输出电压。一次侧接入额定的220V电压，测定二次侧空载电压。然后二次侧接上负载，调负载电阻大小使输出电流达到额定值，检测这时的一次侧输出电压是否满足设计的要求。

6）浸漆与烘烤

为了防潮和增加绝缘强度，制作好的变压器应做绝缘处理。步骤如下：

① 预供。将变压器置于功率较大的白炽灯下烘烤2～3h，驱除内部潮气。若用烘箱预烘，烘箱温度可调到110℃烘烤4h。

② 浸漆。将预烘干燥的变压器浸没于绝缘漆中1h。

③ 滴漆。将浸完漆的变压器在铁丝网上滴漆2～3h。

④ 烘烤。将已滴完漆的变压器置于大功率灯泡下烘烤到干透为止。如用烘箱烘烤，先温度控制70℃左右烘烤30min，然后温度再上升到110℃烘8h。烘干后的变压器的绝缘电阻应大于50MΩ。

4. 课后体会

_____
_____
_____
_____
_____
_____
_____
_____
_____
_____
_____

3. 工作任务评价表

组别 _____ 姓名 _____ 学号 _____

序 号	考核项目	评 分 标 准	配分	扣分	得分
		工 作 质 量			
1	线圈绕制	1）线圈包绕制不牢固扣15分 2）不会使用绕线机扣5分 3）中间抽头处理不当扣5分 4）绝缘处理不当扣5分	30		
2	铁心装配	1）不按要求装配铁心扣5分 2）铁心装配不牢固扣15分 3）外观不紧凑，缝隙大扣5分	30		
3	指标测试	1）绝缘电阻不满足要求扣30分 2）二次侧空载输出电压不满足要求扣30分 3）二次侧空载输出电流不满足要求扣30分 4）二次侧额定输出电压不满足要求扣30分	30		
4	安全文明操作	1）穿拖鞋，衣冠不整，扣5分 2）安装完成后未进行工位卫生打扫，扣5分 3）工具摆放不整齐，扣5分	10		

4.2.6　互感电路观测及变压器特性测试

1. 任务目标

1）学会判别绕组同名端的方法。

2）测定变压器空载特性，并通过空载特性曲线判别磁路的工作状态。

3）测定变压器的外特性。

2. 学生工作页

课题序号		日　　期		地　　点	
课题名称		互感电路观测、变压器特性测试		任务课时	2

1. 训练内容

1）学会用交流法、直流法测定变压器的同名端。

2）测定变压器空载特性，作出空载特性曲线，判定磁路的工作状态。

3）测定变压器的输出特性。

2. 材料及工具

训练用材料及工具见表 4-1

表 4-1　材料与工具

序号	名　　称	型号与规格	数量	备注
1	自制单相变压器	一次侧交流 220V，二次侧交流 15V	1	
2	万用表		1	自备
3	交流电流表	3A	1	
4	滑动变阻器	5A，0～20Ω	1	
5	鳄鱼夹		若干	
6	调压器	0～220V	1	

3. 训练步骤

1）测定变压器的空载特性。

按图 4-19 所示变压器空载实验电路接线，u_1 分别取测试数据记录在表 4-2 中。55V、110V、165V、220 V，分别测出交流电流 i_1，作出变压器空载特性曲线，判定磁路的工作状态。

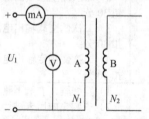

图 4-19　变压器空载实验电路

表 4-2 变压器空载特性

U_1/V	55	110	165	220
I_1/mA				

2）测定变压器的输出特性。

按图 4-20 所示为变压器输出特性电路。接线，一次绕组保持额定电压（本实验为 220V），改变负载电阻 R_L 使二次绕组电流由零逐渐增加到额定值，I_2 的值如表 4-3 所示，测出对应的 U_2，作出外特性曲线。

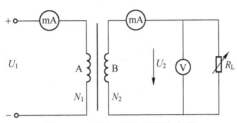

图 4-20 变压器输出特性电路

表 4-3 变压器输出特性

U_2/V							
I_2/A	0	0.3	0.5	1	1.2	1.5	2

3）测定变压器的同名端

① 交流法：按图 4-21 所示交流法测同各端接线，测出 U_1、U_2、U_{ab}，若 $U_{ab}= U_1+U_2$，则①、③为同名端；若 $U_{ab}= U_1-U_2$，则①、②为同名端。

② 直流法：按图 4-22 直流法测同名端接线，当开关 S 突然闭合时，观察直流电流表的指针偏转情况，若正偏，则①、③为同名端，否则①、②为同名端。

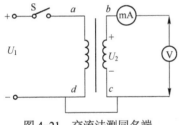

图 4-21 交流法测同名端

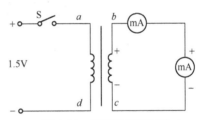

图 4-22 直流法测同名端

4. 课后体会

_____

_____

_____

_____

_____

_____

_____

_____

_____

_____

_____

_____

_____

_____

_____

3. 工作任务评价表

组别 _____ 姓名 _____ 学号 _____

		工 作 质 量			
序号	考核项目	评 分 标 准	配分	扣分	得分
1	电路的连接	1）电压源输出电压调节时未用电压表测量扣 10 分 2）电路未正确连接，每处扣 5 分 3）电压表、电流表未正确选用量程，每处扣 5 分 4）元器件选用错误每处扣 5 分	50		
2	电路的测量	1）电压、电流测量方法、数据错误每处扣 5 分 2）电压比 n 计算错误扣 5 分 3）同名端判定错误扣 10 分	40		
3	安全文明操作	1）穿拖鞋，衣冠不整，扣 5 分 2）安装完成后未进行工位卫生打扫，扣 5 分 3）工具摆放不整齐，扣 5 分	10		
	备　注	合　计	100		

汇 总 得 分			
	工作行为 100 分（50%）	工作质量 100 分（50%）	总得分 100 分
组长评分			
教师评分			

说明：① 工作行为部分主要由小组长评定，实行百分制，教师有权特别处理。
　　　② 工作质量部分主要由教师抽查评定，实行百分制，其他组员成绩与抽查同学得分相同。
　　　③ 教师具有否定权，最后总得分以教师评分为准。

4.3　思考与练习题

1．变压器的负载增加时，其一次侧绕组中电流怎样变化？铁心中主磁通怎样变化？输出电压是否一定要降低？

2．若电源电压低于变压器的额定电压，输出功率应如何适当调整？若负载不变会引起什么后果？

3．变压器能否改变直流电压？为什么？

4．有一单相照明变压器，容量为 10kVA，电压 3300/220V。今要在二次侧绕组接上 60W、220V 的白炽灯，如果要变压器在额定情况下运行，这种白炽灯可接多少个？并求一次侧、二次侧绕组的额定电流。

5．将 $R_L=8\Omega$ 的扬声器接在输出变压器的二次绕组，已知 $N_1=300$ 匝，$N_2=100$ 匝，信号源电动势 $E=6V$，内阻 $R_{S1}=100\Omega$，试求信号源输出的功率。

6．一台容量为 20kVA 的照明变压器，它的电压为 6600/220V，问它能够正常供应 220V、40W 的白炽灯多少盏？能供给 $\cos\varphi=0.6$、电压为 220V、功率 40W 的荧光灯多少盏？

7．一台变压器有两个一次侧绕组，每组额定电压为 110 V，匝数为 440 匝，二次侧绕组匝数为 80 匝，试求：1）一次侧绕组串联时的变压比和一次侧加上额定电压时的二次侧输出电压。2）一次侧绕组并联时的变压比和一次侧加上额定电压时的二次侧输出电压。

8. 单相变压器，一次侧线圈匝数 $N_1 = 1000$ 匝，二次侧 $N_2 = 500$ 匝，现一次侧加电压 $U_1 = 220V$，测得二次侧电流 $I_2 = 4A$，忽略变压器内阻抗及损耗，求：1）一次侧等效阻抗 Z_1。2）负载消耗功率 P_2。

9. 图 4-23 所示变压器 $N_1 = 100$ 匝，$N_2 = 50$ 匝，$N_3 = 20$ 匝，$U_1 = 10$ 匝，求：1）当 2，3 端连接时 U_{14} 为多少？2）当 2，4 端连接时 U_{13} 为多少？

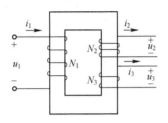

图 4-23 第 9 题图

10. 已知变压器一次侧电压 $U_1 = 380V$，若变压器效率为 80%，要求二次侧接上额定电压为 36V，额定功率为 40W 的白炽灯 100 只，求：二次侧电流 I_2 和一次侧电流 I_1。

11. 如图 4-24 所示，输出变压器的二次侧绕组有中间抽头，以便接 8Ω 或 3.5Ω 的扬声器，两者都能达到阻抗匹配。试求二次侧绕组两部分的匝数之比。

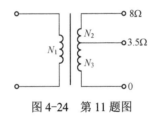

图 4-24 第 11 题图

12. 图 4-25 所示的变压器，一次侧有两个额定电压为 110V 的绕组。二次侧绕组的电压为 6.3V。

1）若电源电压是 220V，一次侧绕组的四个接线端应如何正确连接，才能接入 220V 的电源上？

2）若电源电压是 110V，一次侧绕组要求并联使用，这两个绕组应当如何连接？

3）在上述两种情况下，一次侧每个绕组中的额定电流有无不同，二次侧电压是否有改变。

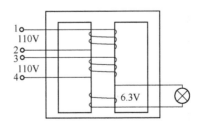

图 4-25 第 12 题图

13. 图 4-26 所示是一电源变压器，一次侧绕组有 550 匝，接在 220V 电压。二次侧绕组有两个：一个电压 36V，负载 36W；一个电压 12V，负载 24W。两个都是纯电阻负载时。求一次侧电流 I_1 和两个二次侧绕组的匝数。

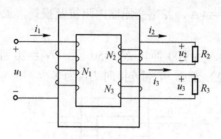

图 4-26　第 13 题图

项目 5　三相异步电动机的典型控制

知识目标

◆ 熟悉三相交流电路的基本概念。

◆ 熟悉三相交流电路的基本物理量及测试方法。

◆ 熟悉低压电器。

◆ 熟悉电气识图方法。

◆ 熟悉三相异步电动机的控制电路。

◆ 熟悉三相异步电动机的控制方法。

能力目标

◆ 会正确计算和测试三相交流电路的物理量。

◆ 会使用低压电器。

◆ 会正确识读电气图。

◆ 会绘制三相电动机的控制电路图。

◆ 会安装和检测三相异步电动机典型控制电路。

5.1　任务 1　认识三相交流电路

你知道三相交流电路吗？三相电源和三相负载是怎么样的？电压、电流和功率如何计算和测试？让我们一起来学习吧！

三相交流电路是由一组频率相同、振幅相等及相位互差 120°的 3 个电动势供电的电路。三相电力系统由三相电源、三相负载和三相输电线路 3 部分组成。

5.1.1　三相交流电源

1. 三相电动势

三相电动势是由三相发电机产生的。图 5-1 是三相交流发电机的原理图，它的主要组成部分是定子和转子，定子铁心的内圆周表面冲有槽，安放着 3 组匝数相同的绕组，各相绕组的结构相同，它们的始端标以 U1、V1、W1，末端标以 U2、V2、W2。

三相绕组分别称为 U 相、V 相及 W 相，它们在空间位置上彼此相差 120°，称为对称三相绕组。当发电机匀速转动时，

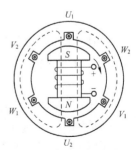

图 5-1　三相交流发电机原理图

各相绕组均与磁场相切割而感应电压。由于三相绕组的匝数相等、切割磁力线的角速度相同且空间位置上互差 120°，所以感应电压的最大值相等、角频率相同、相位上互差 120°，称为对称三相交流感应电压，其相量图和正弦波形如图 5-2 所示。由图 5-2 可得，三相交流感应电压解析式为：

$$e_U = U_m \sin \omega t \tag{5-1}$$

$$e_V = U_m \sin(\omega t - 120°) \tag{5-2}$$

$$e_W = U_m \sin(\omega t + 120°) \tag{5-3}$$

三相交流电在相位上的先后顺序称为相序。相序指三相交流电达到最大值的顺序。实际中常采用 U→V→W 的顺序作为三相交流电的正相序，而把 W→V→U 的顺序称为逆相序。

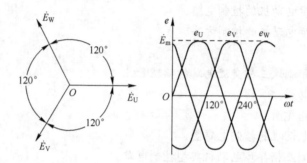

图 5-2 三相交流电相量图和波形图

2. 三相四线制供电系统

三相电源的星形联结方式如图 5-3 所示。

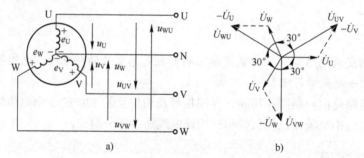

图 5-3 三相电源的星形联结方式

a) 星形联结 b) 相量图

三相电源绕组的首端分别向外引出三根输电线（U、V、W），称为电源的相线（俗称火线）；三相电源绕组的尾端连在一起向外引出一根输电线（N），称为电源的中性线（俗称零线）。

按照图 5-3 所示向外供电的体制称为三相四线制我们把相线与相线之间的电压称为线电压，分别用 u_{UV}、u_{VW} 和 u_{WU} 表示。相线与零线之间的电压称为相电压分别用 u_U、u_V 和 u_W 表示。由于 3 个相电压通常是对称的，对称的 3 个相电压数值上相等，用 U_p 统一表示。在相电压对称的情况下，3 个线电压也对称，对称三个线电压数值上也相等，用U_l统一表示。如图 5-3 所示。三相电源的电压相量图如图 5-3b 所示，根据相量图的几何关系可求得各线电压为

$$U_l = \sqrt{3}U_p = 1.732U_p \tag{5-4}$$

由相量图可见，各线电压在相位上超前与其对应的相电压 30°。

一般低压供电系统中，经常采用供电线电压为 380V，对应相电压为 220V。

5.1.2 三相负载

三相电路的负载由 3 组组成，其中的每组为一相负载。各相负载的复阻抗相等的三相负载称为对称三相负载。由对称三相电源和对称三相负载所组成的电路称为对称三相电路。三相负载可以有星形和三角形两种联结方式。

1. 三相负载的星形联结

负载星形联结时的电路模型如图 5-4 所示，可见各相负载两端的电压相等，等于电源相电压相量。此时各相负载和电源通过相线和中性线构成一个独立的单相交流电路，其中 3 个单相交流电路均以中性线作为公共线。

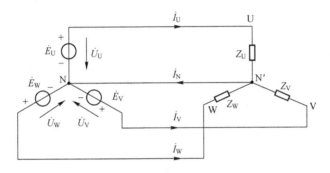

图 5-4　负载星形联结时的电路模型

通常把相线上的电流称为线电流，用I_l表示；把各相负载中的电流称为相电流，用I_p表示。显然，星形联结时电路有如下特点，即：

$$I_l = I_p = \frac{U_p}{|Z_p|} \tag{5-5}$$

$$U_l = \sqrt{3}U_p \tag{5-6}$$

设备负载阻抗分别为Z_U、Z_V、Z_W，由于各项负载端电压相量等于电源相电压相量，因此每个阻抗中流过的电流相量为

$$\dot{I}_U = \frac{\dot{U}_U}{Z_U}, \quad \dot{I}_V = \frac{\dot{U}_V}{Z_V}, \quad \dot{I}_W = \frac{\dot{U}_W}{Z_W} \tag{5-7}$$

中性线上通过的电流相量根据相量形式的 KCL 可得：

$$\dot{I}_N = \dot{I}_U + \dot{I}_V + \dot{I}_W \tag{5-8}$$

中性线上通过的电流相量 $\dot{I}_N$ 有如下两种情况。

（1）对称三相负载

三相负载对称时，即 $Z_U = Z_V = Z_W$，阻抗端电压相量也对称，因此构成星形对称三相电路。对称三相电路中，各阻抗中通过的电流相量也必然对称，因此中性线电流相量：

$$\dot{I}_N = \dot{I}_U + \dot{I}_V + \dot{I}_W = 0$$

中性线电流相量为零，说明中性线中无电流通过。这时中性线的存在对电路不会产生影响。实际工程应用中的三相异步电动机和三相变压器等三相设备，都属于对称三相负载，因此把它们星形接后与电源电路相连时，一般都不用中性线，此时的供电方式叫三相三线制（Y接法）。

（2）不对称三相负载

三相电路的各阻抗模值不等或者幅角不同，都称为不对称三相负载。在不对称星形联结三相电路中，中性线不允许断开。因为中性线一旦断开，各相负载端的电压就会出现严重不平衡。

以下面的例题说明。

【例 5-1】 在星形联结的三相电路中，$U_1 = 380\,\text{V}$，$Z_1 = 11\Omega$，$Z_2 = Z_3 = 22\Omega$。

求 1）负载的相电流与中性线电流。2）中性线断开，U 相短路时的相电压。

解：1）中性线存在时，负载相电压即电源相电压，则：

$$U_p = \frac{U_1}{\sqrt{3}} = \frac{380}{\sqrt{3}}\,\text{V} = 220\,\text{V}$$

$$I_1 = \frac{U_p}{Z_1} = \frac{220}{11}\,\text{A} = 20\,\text{A}$$

$$I_2 = I_3 = \frac{U_p}{Z_2} = \frac{220}{22}\,\text{A} = 10\,\text{A}$$

以 $\dot{I}_1$ 为参考，作相量图如图 5-5 所示，由相量图得 $I_N = I_1 - 2I_2\cos 60° = 10\,\text{A}$

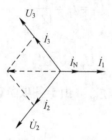

图 5-5　相量图

2）中性线断开，相相短路时，$U_1' = 0$，V、W 两相负载均承受电源的线电压，即

$U_2' = U_3' = 380\text{V}$，这是负载不对称、无中性线时最严重的过压事故，也是三相对称负载严重失衡的情况。因此，中性线的作用是为了保证负载的相电压对称，或者说保证负载均工作在额定电压下。故中性线必须牢固，不允许在中性线上接熔断器或开关。

（3）负载的△联结

负载△联结的三相电路如图 5-6 所示，其中 $\dot{I}_{12}$、$\dot{I}_{23}$、$\dot{I}_{31}$ 分别为每相负载流过的电流，称相电流，有效值为 I_p。三条相线中的 $\dot{I}_1$、$\dot{I}_2$、$\dot{I}_3$ 是线电流，有效值 I_1。

三相负载对称时，$Z_U = Z_V = Z_W = Z$，则三个相电流为 $I_p = I_{12} = I_{23} = I_{31} = \dfrac{U_P}{|Z|} = \dfrac{U_1}{|Z|}$

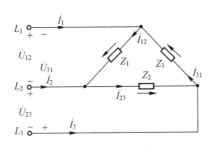

图 5-6　负载的△联结

可见它们也是对称的，即相位互差 120°，对称负载△联结的特点是：

$$U_1 = U_p \tag{5-9}$$

$$I_1 = \sqrt{3} I_p \tag{5-10}$$

负载不对称时，尽管三个相电压对称，但三个相电流因阻抗不同而不再对称，上面的关系不再成立，只能逐相计算，请自行分析。

5.1.3　三相交流电路电压、电流测量任务实施

1. 任务目标

1）掌握三相负载星形联结、三角形联结的方法，验证这两种接法下线电压、相电压及线电流、相电流之间的关系。

2）理解三相四线制供电系统中，中性线的作用。

2. 学生工作页

课题序号		日　期		地　点	
课题名称	三相交流电路电压、电流的测量			任务课时	2
1. 训练内容					
（1）三相负载星形联结					
1）三相对称负载作三相三线制的星形联结。					
2）三相不对称负载作三相三线制的星形联结。					
3）三相对称负载作三相四线制的星形联结。					
4）三相不对称负载作三相四线制的星形联结（不对称、短路）。					

（2）三相负载作三角形联结

1）三相对称负载作三角形联结。

2）三相不对称负载作三角形联结。

2. 材料及工具

训练用材料及工具见表5-1

表5-1　材料及工具

序号	名　称	型号与规格	数　量	备　注
1	交流电压表	0～500V	1	
2	交流电流表	0～5A	1	
3	万用表		1	自备
4	三相自耦调压器		1	实验台配备
5	三相灯组负载	220V，15W 白炽灯	9	实验台配备
6	电门插座		3	实验台配备

3. 训练步骤

1）三相负载星形联结（丫联结）

按图 5-7 三相负载星形联结电路连接实验电路（不接中性线）。即三相白炽灯组成负载经三相自耦调压器接通三相对称电源。将三相调压器的旋柄置于输出为 0V 的位置（即逆时针旋到底）。经指导教师检查合格后，方可接通实验台电源，然后调节调压器的输出，使输出的三相线电压为220V，并按（表 5-2 丫联结部分）完成各项实验，分别测量三相负载的线电压、相电压、线电流、相电流、电源与负载中点间的电压。将所测得的数据记入表 5-2 中，并观察各相灯组亮、暗的变化程度。

2）三相负载星形联结（$丫_0$接法）

按图 5-7 三相负载星形联结电路连接实验电路。即三相白炽灯组负载经三相自耦调压器接通三相对称电源。将三相调压器的旋柄置于输出为 0V 的位置（即逆时针旋到底）。经指导教师检查合格后，方可接通实验台电源，然后调节调压器的输出，使输出的三相线电压为220V，并按（见表 5-2 $丫_0$ 联结部分）完成各项实验，分别测量三相负载的线电压、相电压、线电流、相电流、中性线电流、电源与负载中点间的电压。将所测得的数据记入表 5-2 中，并观察各相白炽灯组亮、暗的变化程度，特别要注意观察中性线的作用。

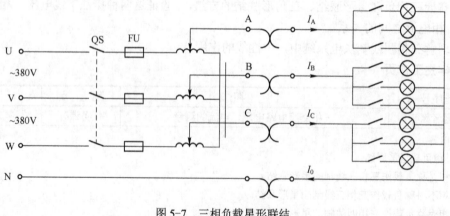

图 5-7　三相负载星形联结

表 5-2　三相负载星形联结时测量数据

测量数据 实验内容 （负载情况）	开灯盏数			线电流/A			线电压/V			相电压/V			中性线电流 I_0/A	中点电压 U_{N0}/V
	A相	B相	C相	I_A	I_B	I_C	U_{AB}	U_{BC}	U_{CA}	U_{A0}	U_{B0}	U_{C0}		
Y接平衡负载	3	3	3											
Y接不平衡负载	1	2	3											
Y接B相断开	1		3											
Y接B相短路	1	0	3											
Y0接平衡负载	3	3	3											
Y0接不平衡负载	1	2	3											
Y0接B相断开	1		3											

3）负载三角形联结

按图 5-8 所示，将负载三角形联结，经指导教师检查合格后接通三相电源，并调节调压器，使其输出线电压为220V，并按表 5-3 的内容进行测试。

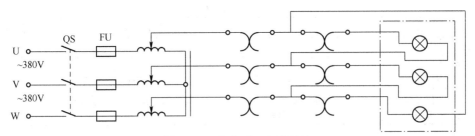

图 5-8　三相负载三角形联结

表 5-3　负载三角形联结测试数据

测量数据 负载情况	开灯盏数			线电压、相电压/V			线电流/A			相电流/A		
	A-B相	B-C相	C-A相	U_{AB}	U_{BC}	U_{CA}	I_A	I_B	I_C	I_{AB}	I_{BC}	I_{CA}
三相对称	3	3	3									
三相不对称	1	2	3									

4. 课后体会

_____

_____

_____

_____

_____

_____

_____

_____

_____

_____

3. 工作任务评价表

组别 _____ 姓名 _____ 学号 _____

<table>
<tr><td colspan="6" align="center">工 作 质 量</td></tr>
<tr><td>序　号</td><td>考核项目</td><td>评分标准</td><td>配分</td><td>扣分</td><td>得分</td></tr>
<tr><td>1</td><td>负载的三相三线制的星形联结</td><td>1）联结不正确扣 10 分
2）不文明作业扣 5 分</td><td>20</td><td></td><td></td></tr>
<tr><td>2</td><td>负载的三相四线制的星形联结</td><td>1）联结不正确扣 10 分
2）不文明作业扣 5 分</td><td>20</td><td></td><td></td></tr>
<tr><td>3</td><td>负载的三角形联结</td><td>1）联结不正确扣 10 分
2）不文明作业扣 5 分</td><td>20</td><td></td><td></td></tr>
<tr><td>4</td><td>万用表</td><td>1）使用方法不正确扣 10 分
2）损坏设备扣 10 分</td><td>10</td><td></td><td></td></tr>
<tr><td>5</td><td>安全文明操作</td><td>1）违反操作流程扣 5 分
2）工作场地不整洁扣 5 分</td><td>10</td><td></td><td></td></tr>
<tr><td>6</td><td>结论</td><td>1）一项不正确扣 5 分
2）表达不清楚扣 5 分</td><td>20</td><td></td><td></td></tr>
<tr><td colspan="2" align="center">备　注</td><td align="center">合　计</td><td>100</td><td></td><td></td></tr>
</table>

<table>
<tr><td colspan="4" align="center">汇 总 得 分</td></tr>
<tr><td></td><td>工作行为 100 分（50%）</td><td>工作质量 100 分（50%）</td><td>总得分 100 分</td></tr>
<tr><td>组长评分</td><td></td><td></td><td></td></tr>
<tr><td>教师评分</td><td></td><td></td><td></td></tr>
</table>

说明：① 工作行为部分主要由小组长评定，实行百分制，教师有权特别处理。
　　　② 工作质量部分主要由教师抽查评定，实行百分制，其他组员成绩与抽查同学得分相同。
　　　③ 教师具有否定权，最后总得分以教师评分为准。

5.2　任务 2　认识低压电器

低压电器有哪些呢？如何进行选用和安装？让我们一起来学习吧！

5.2.1　开关电器

开关是电气控制电路中使用最广泛的一种低压电器，它的作用是接通、切断电气控制电路或者用来发出控制命令。开关的种类很多，用来控制电气主电路通断的开关有开启式负荷开关、封闭式负荷开关、组合开关等，用来接通和断开控制电路的开关有按钮开关、行程开关、接近开关和万能转换开关等。

1. 开启式负荷开关

开启式负荷开关俗称闸刀开关，又称为瓷底胶盖刀开关，它可分为两极闸刀开关和三极闸刀开关。

（1）外形、结构与符号

开启式负荷开关的外形、结构与符号如图 5-9 所示。

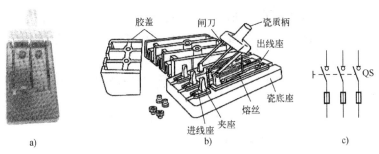

图 5-9　开启式负荷开关的外形、结构与符号

a) 外形　b) 结构　c) 符号

开启式负荷开关除了能接通、断开电源外，由于内部接有熔丝断丝，所以还能起过电流保护作用。

负荷开关安装时需要垂直安装，进出线不能接反，应该是合闸时向上推动触刀。如果装反，动触刀就容易因振动和重力的作用跌落而误合闸。电源线应接在上端静触头一侧，负载线接在下端动触刀一侧。这样，当断开电源时，裸露在外面的动触刀和下端的熔丝部分均不带电，以保证维修设备和换装熔丝时的人身安全。由于开启式负荷开关没有灭电弧装置（闸刀接通或断开时产生的电火花称为电弧），所以不能用作大容量负载的通断控制，可用于照明和 4.5kW 以下小功率电动机通断，其额定电流应为电动机额定电流的 2～3 倍。

（2）型号含义

开启式负荷开关的型号含义说明如下。

例如 HK1-30/3，含义就是额定电流为 30A、3 极的开启式负荷开关。

2. 封闭式负荷开关

封闭式负荷开关又称为铁壳开关，封闭式负荷开关是在开启式负荷开关的基础上进行改进而设计出来的。

（1）外形、结构和优点

封闭式负荷开关的外形结构和符号如图 5-10 所示。

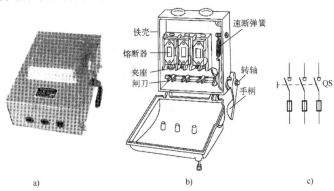

图 5-10　封闭式负荷开关的外形、结构和符号

a) 外形　b) 结构　c) 符号

封闭式负荷开关的主要优点有：在操作手柄打开或关闭开关外盖时，依靠内部有一个速断弹簧的作用力，开关内部的闸刀迅速断开或闭合，这样能有效地减小电弧。封闭式负荷开关在外盖打开时手柄无法合闸，当手柄合闸后外盖无法打开，这样保证了操作安全。

可用在 15kW 以下非频繁起动／停止的电动机控制电路中，其额定电流应大于电动机额定电流的 1.5 倍。

（2）型号含义

封闭式负荷开关的型号含义说明如下。

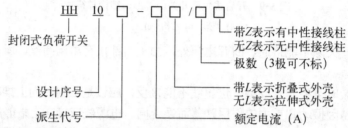

3. 组合开关

组合开关又称转换开关，它是一种由多层触点组成的开关。

（1）外形、结构与符号

组合开关的外形、结构与符号如图 5-11 所示。

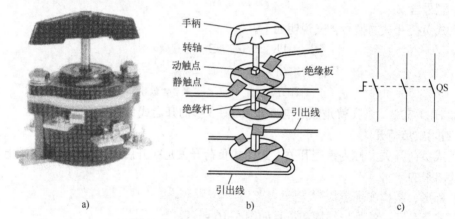

图 5-11　组合开关的外形、结构与符号

a) 外形　b) 结构　c) 符号

图 5-11 中的组合开关由 3 层动、静触点组成，当旋转手柄时，可以同时调节 3 组动触点与 3 组静触点之间的通断。在转轴上装有弹簧，在操作手柄时，依靠弹簧的作用可以迅速接通或断开触点，达到有效地灭弧作用。

组合开关常用于交流 380V 以下或直流 220V 以下的电气控制电路中，它不宜作频繁的转换操作，可用来控制 5kW 以下的小容量电动机。组合开关用于直接控制电动机起动、停止和正反转时，其额定电流一般取电动机额定电流的 1.5～2.5 倍。

（2）型号含义

组合开关的型号含义说明如下。

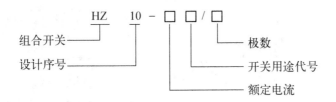

5.2.2 低压断路器

低压断路器又名自动空气开关或自动空气断路器，简称为断路器。它是一种重要的控制和保护电器，既可手动又可电动分合电路，主要用于低压配电电网和电力拖动系统中。它集控制和多种保护功能于一体，不仅可以接通和分断正常负荷电流和过载电流，还可以接通和分断短路电流的开关电器，而且还具有如过载、短路、欠电压和漏电保护等功能。图 5-12 所示为低压断路器实物图。

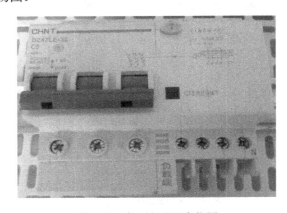

图 5-12 低压断路器实物图

1. 低压断路器的外形、结构和工作原理

图 5-13 所示为低压断路器的外形、结构和符号。低压断路器既能在正常情况下手动切断负载电流，又能在发生短路故障时自动切断电源。一般低压断路器装有电磁脱扣器，用作短路保护，当短路电流达到 30 倍的额定电流时，电磁脱扣器瞬时动作，通过机构迅速分断。断路器还装有热脱扣器，主要保护电器的过载，其工作原理也是靠双金属片受热弯曲而动作。低压断路器触头处还装有灭弧罩以熄灭触头电弧。

2. 型号含义

断路器的型号含义说明如下。

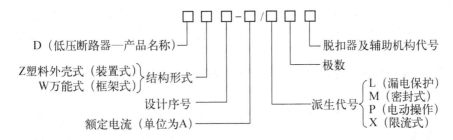

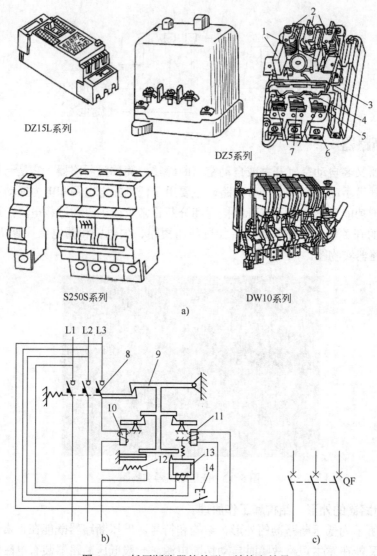

图 5-13 低压断路器的外形、结构和符号

a) 外形 b) 工作原理 c) 图形符号

1、14—按钮 2—过电流脱扣器 3、9—自由脱扣器 4—动触头 5—静触头 6—接线

7、12—热脱扣器 8—主触头 10、11—分励脱扣器 13—欠电压脱扣器

3. 低压断路器的选用

低压断路器的选用主要考虑额定电压、壳架等级额定电流和断路器的额定电流等 3 项参数。

1）低压断路器的额定电压。断路器的额定电压应不小于被保护电路的额定电压。断路器欠电压脱扣器额定电压等于被保护电路的额定电压；断路器分励脱扣器额定电压等于控制电路的额定电压。

2）低压断路器的壳架等级额定电流。低压断路器的壳架等级额定电流应不小于被保护电路的计算负载电流。

3）低压断路器额定电流。低压断路器额定电流不小于被保护电路的计算负载电流。断路器用于保护电动机时，断路器的长延时电流额定值等于电动机额定电流；断路器用于保护三相笼型异步电动机时，其瞬时额定电流等于电动机额定电流的 8～15 倍，倍数与电动机的型号、容量和起动方法有关；断路器用于保护三相绕线式异步电动机时，其瞬时额定电流等于电动机额定电流的 3～6 倍。

4）断路器用于保护和控制频繁起动电动机时，还应考虑断路器的操作条件和使用寿命。

4．低压断路器的安装

1）低压断路器应垂直于配电板安装，电源引线应接到上端，负载引线接到下端。

2）低压断路器用作电源总开关或电动机的控制开关时，在电源进线侧必须加装刀开关或熔断器等，以形成明显的断开点。

3）板前接线的低压断路器允许安装在金属支架上或金属底板上，但板后接线的低压断路器必须安装在绝缘底板上。

5.2.3 熔断器

熔断器是低压配电电路和电力拖动系统中一种最简单的安全保护电器，主要用于短路保护，也可用于过载保护。熔断器应串联接入被保护电路中，正常工作时相当于导体，保证电路接通。当电路发生短路或过载时，其自身会发热熔断，自动断开电路。

1．熔断器的组成和符号

熔断器主要由熔体和绝缘底座组成，图 5-14a 所示为熔断器的实物图，熔体放置在内部，图 5-14b 为熔断器的符号。

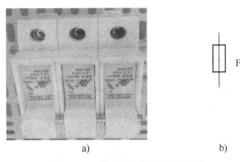

a)   b)

图 5-14　熔断器实物图及符号

a) 实物图　b) 符号

2．熔断器的种类及应用

常见的熔断器的种类及应用见表 5-4。

表 5-4　常见熔断器的种类与应用

熔　断　器		
种类	外形结构	应　　用
RC 插入式熔断器	熔丝　　静触头 动触头 瓷盖　　瓷底座	RC 插入式熔断器主要用于电压在 380V 及以下，电流在 5～200A 的电路中，如照明电路和小容量的电动机电路中。 这种熔断器用于额定电流在 30A 以下的电路时，熔丝一般采用铅锡丝；当在电流为 30～100A 的电路时，熔丝一般采用铜丝；当用在电流达 100A 以上的电路时，一般用变截面的铜片作熔丝

熔 断 器

种类	外形结构	应 用
RL 螺旋式熔断器		这种熔断器在使用时，要在内部安装熔管。在安装熔管时，先将熔断器的瓷帽旋下，再将熔管放入内部，然后旋好瓷帽。熔管上下方为金属盖，有的熔管上方的金属盖中央有一个红色的熔断指示器，熔管内部装有石英砂和熔丝，当熔丝熔断时，指示器颜色会发生变化，以指示内部熔丝已断。指示器的颜色变化可以通过熔断器的瓷帽上的玻璃窗口观察到 RL 螺旋式熔断器具有体积小、分断能力较大、工作安全可靠、安装方便等优点，通常用在工厂 200A 以下的配电箱、控制箱和机床电动机的控制电路中
RM 无填料封闭式熔断器		这种熔断器的熔体是一种变截面的锌片，它被安装在纤维管中，锌片两端的接触片穿过黄铜帽，再通过垫圈安插在刀座上 当这种熔断器通过大电流时，锌片中窄的部分首先熔断，使中间大段的锌片脱离，形成很大的间隔，有利于灭弧 RM 无填料封闭式熔断器具有保护性好、分断能力强、熔体更换方便和安全可靠等优点，主要用在交流电压 380V 以下、直流电压 440V 以下，电流 600A 以下的电力电路中
RS 快速熔断器		RS 快速熔断器主要用于硅整流器件、晶闸管器件等半导体器件及其配套设备的短路和过载保护，它的熔体一般采用银制成，具有熔断迅速、能灭弧等优点。左图所示是两种常见的 RS 快速熔断器
RT 有填料管式熔断器		RT 有填料封闭管式熔断器又称为石英熔断器，它常用作变压器和电动机等电气设备的过载和短路保护。在图所示是几种常见的 RT 有填料管式熔断器，这些熔断器可以用螺钉、卡座等与电路连接起来，左图右方所示的熔断器有插在卡座内能力强、灭弧性能好和使用安全等优点，RT 有填料管式熔断器具有保护性好，分断功能主要用在短路电流大的电力电网和配电设备中
RZ 自复式熔断器		RZ 自复式熔断器内部采用金属钠作为熔体。在常温下，钠的电阻很小，整个熔丝的电阻也很小，可以通过正常的电流；若电路出现短路会导致流过钠熔体的电流很大，钠被加热汽化，电阻变大，熔断器相当于开路；当短路消除后，流过的电流减小，钠又恢复成固态，电阻又变小，熔断器自动恢复正常 自复式熔断器通常与低压断路器配套使用，其中自复式熔断器作短路保护，断路器用作控制和过载保护，这样可以提高供电可靠性

3. 熔断器的选用

1）熔断器的选用，熔断器的额定电压和额定电流应不小于电路的额定电压和所装熔体的额定电流。熔断器的形式根据电路要求和安装条件而定。

2）熔体的选用，熔体的额定电流应不小于电路的工作电流。为防止熔断器越级动作而扩大停电范围，后一级熔体的额定电流比前一级熔体的额定电流至少要大一个等级。

4. 熔断器的安装

1）熔断器应完整无损，安装低压熔断器时应保证熔体与绝缘底座之间的接触良好，不允许有机械损伤，并具有额定电流、额定电压值标志。

2）不能用多根小规格熔体并联代替一根大规格熔体；各级熔体应相互配合，并做到下一级熔体规格比上一级规格小。

3）更换熔体时，必须切断电源。尤其不允许带负荷操作，以免发生电弧灼伤。

4）熔断器兼做隔离器件使用时应安装在控制开关的电源进线端；若仅做短路保护用，应装在控制开关的出线端。

5）安装熔断器除保证适当的电气距离外，还应保证安装位置间有足够的间距，以便于拆卸、更换熔体。

5.2.4 交流接触器

交流接触器是一种自动的电磁式开关，是自动控制系统和电力拖动系统中应用广泛的一种低压控制电器。它依靠电磁力的作用使触点闭合或断开来接通或分断交流主电路和大容量控制电路，并能实现远距离自动控制和频繁操作，具有欠电压保护功能，其控制对象主要是电动机。交流接触器具有通断电能力强的优点，但不能切断短路电流，因此它通常和熔断器配合使用。

1. 交流接触器的外形与符号

交流接触器的外形与符号如图 5-15 所示。

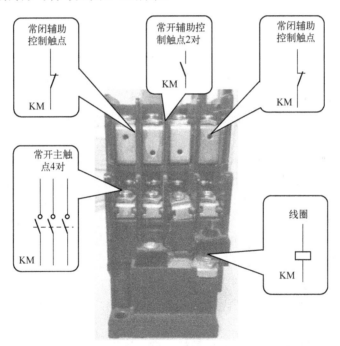

图 5-15　交流接触器的外形与符号

2. 交流接触器的结构与工作原理

交流接触器典型的结构如图 5-16 所示。图中的接触器有 1 个主触点、1 个常闭辅助触点和 1 个常开辅助触点，3 个触点通过连杆与衔铁连接。在没有给线圈通电时，主触点和常开辅助控制触点处于断开状态，常闭辅助触点处于闭合状态。如果给线圈通交流电，线圈产生磁场，磁场通过铁心吸引衔铁，而衔铁则通过连杆带动 3 个触点。

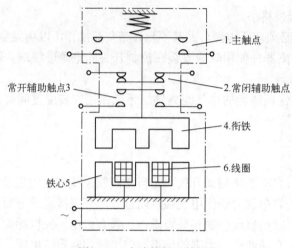

图 5-16　交流接触器的结构

3.　型号含义

交流接触器的型号含义说明如下。

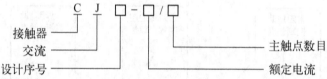

4.　交流接触器的选用

1）选择交流接触器主触点的额定电压，其主触点的额定电压应大于或等于控制电路的额定电压。

2）选择交流接触器的额定电流，其主触点的额定电流应不小于负载电路的额定电流。

3）选择接触器吸引线圈的电压，交流线图电压有 36V、110V、127V、220V、380V。当控制电路简单，使用电器较少时，为节省变压器，可直接选用 380V 或 220V 的交流电压；当电路复杂，使用电器超过 5 个时，从人身和设备安全角度考虑，吸引线圈电压要选低一些，可用 36V 或 110V 的交流电压的线圈。

5.　交流接触器的安装

1）安装前检查接触器铭牌与线圈的技术参数是否符合实际使用要求；检查接触器外观，应无机械损伤；用手推动接触器可动部分时，接触器应动作灵活；测量接触器的线圈电阻和绝缘电阻等。

2）交流接触器的安装应垂直于安装面板，安装和接线时，注意不要将零件掉入接触器内部。

3）安装完毕，检查接线正确无误后，在主触点不带电的情况下操作几次，然后测量产品的动作值与释放值，所测得数值应符合产品的规定要求。

5.2.5　热继电器

热继电器是利用电流的热效应来推动机构使触点闭合或断开的保护电器。它主要用于电动机的过载保护、断相保护、电流的不平衡运行保护及其他电气设备发热状态的控制。它的热元件串联在电动机的主电路中，常闭触点串联在被保护的二次电路中。一旦电路过载，有较大电流通过热元件，热元件变形带动内部机构，分断接入控制电路中的常闭触点，切断主电路，起到过载保护作用。

1. 热继电器外形与符号

热继电器的外形与符号如图 5-17 所示。

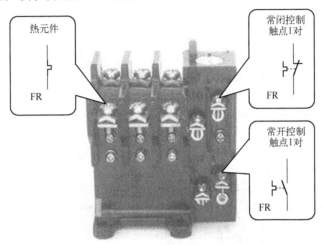

图 5-17　热继电器的外形及符号

2. 热继电器的型号含义

热继电器的型号含义说明如下。

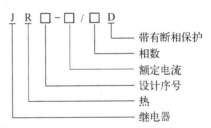

3. 热继电器的选用原则

在选用热继电器时，可按以下原则。

1）在大多数情况下，可选用两相热继电器（对于三相电压，热继电器可以只接其中两相）。若是三相电压均衡性较差、无人看管的三相电动机，或与大容量电动机共用一组熔断器的三相电动机，应该选用三相热继电器。

2）热继电器的额定电流应大于负载（一般为电动机）的额定电流。

3）热继电器的发热元件的额定电流应略大于负载的额定电流。

4）热继电器的整定电流一般与电动机的额定电流相等。对于过载容易损坏的电动机整定电流可调小一些，为电动机额定电流的 60%～80%；对于起动时间较长或带冲击性负载的电动机，所接热继电器的整定电流可稍大于电动机的额定电流（1.1～1.15 倍）。

举例：选择一个热继电器用来对一台电动机进行过热保护，该电动机的额定电流为 30A，起动时间短，不带冲击性负载。根据热继电器选择原则可知，应选择额定电流为 30A、发热元件额定电流略大于 30A、整定电流为 30A 的热继电器。

4. 热继电器的安装

1）热继电器的安装处的环境温度应与所处环境温度基本相同。当与其他电器安装在一起时，应注意将热继电器安装在其他电器的下方，以免其动作特性受到其他电器发热的影响。

2）热继电器安装时，应清除触点表面尘污，以免因接触电阻过大或电路不通而影响热继电器的动作性能。

5.2.6　时间继电器

时间继电器是一种按时间顺序进行控制的继电器。时间继电器是指从得到输入信号（线圈的通电或断电）起，需经过一段时间的延时后才输出信号（触点的闭合或断开）的继电器。它主要用于接收电信号至触点动作需要延时的场合，广泛应用于工厂电气控制系统中。

1. 时间继电器的外形和符号

一些常见的时间继电器的外形如图 5-18 所示。

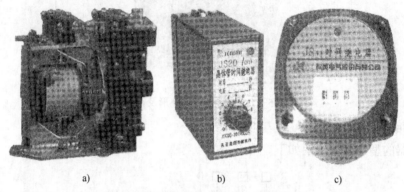

图 5-18　一些常见的时间继电器的外形

a) 空气阻尼式　b) 电子式　c) 数字显示式

时间继电器的符号如图 5-19 所示。由于时间继电器由线圈和触点两部分组成，因此时间继电器的符号也应含有线圈和触点。不同类型的线圈与触点组合，就可以构成不同工作方式的时间继电器。

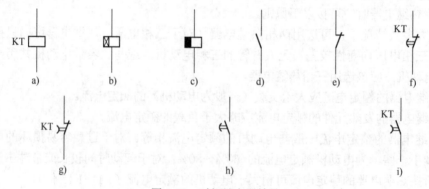

图 5-19　时间继电器符号

a) 线圈一般符号　b) 通电延时线圈　c) 断电延时线圈　d) 常开触点　e) 常闭触点　f) 延时断开瞬时闭合常闭触点 g) 瞬时断开延时闭合常闭触点　h) 延时闭合瞬时断开常开触点　i) 瞬时闭合延时断开常开触点

图 5-20 为空气阻尼式时间继电器，图 5-21 为 TYPEsT3 电子式时间继电器，图 5-21a 为电子式时间继电器正面外形。电子式时间继电器背面有 8 个插头，标注 1~8 个数字，图 5-21b 为 8 个插头的内部连接图。图 5-21c 为电子式时间继电器的座外形，有 8 个插孔，标注 1~8 个数字。

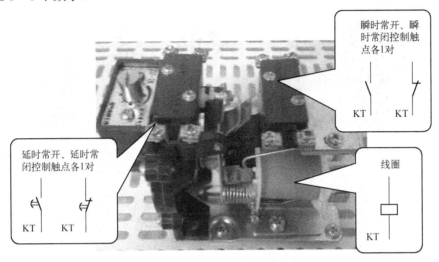

图 5-20　空气阻尼式时间继电器

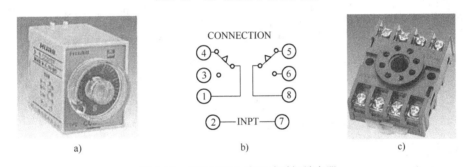

图 5-21　TYPE ST3 电子式时间继电器

a) 实物正面外形　b) 背后插头内部连接示意图　c) 底座实物图

2. 时间继电器的安装

1）电子式时间继电器的连接。

以 TYPE ST3 型号的电子式时间继电器为例，接线方式：将时间继电器插头插入对应底座插孔中。底座中 2~7 触点为时间继电器的线圈触点；1~3 触点、8~6 触点为延时常开触点；1~4 触点、8~5 触点为延时常闭触点。为避免出短路现象，在接线中应注意将公共触点 1 或 8 做为进线端。

2）时间继电器的额定值，应预先在不通电时整定好，并在试车时校正。

3）时间继电器金属地板上的接地螺钉必须与接地线可靠连接。

5.2.7　按钮

按钮是一种用来短时间接通或断开电路的手动主令电器。由于按钮的触点允许通过的电流较小，一般不超过 5A，因此一般情况下，它不是直接控制主电路的通断，而是在控制电路中发出指令或信号去控制接触器、继电器等电器，再由它们去控制主电路的通断、功能转换或电气联锁。

1. 外形与结构

常见的按钮开关实物外形如图 5-22 所示。

图 5-22　常见的按钮开关实物外形

按钮开关分为 3 种类型：常闭按钮开关、常开按钮开关和复合开关。这 3 种开关的内部结构和符号如图 5-23 所示。

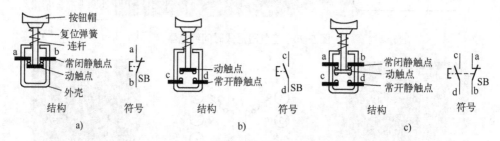

图 5-23　3 种按钮开关的结构与符号

a) 常闭按钮开关　b) 常开按钮开关　c) 复合按钮开关

2. 型号含义

按钮开关的型号含义说明如下。

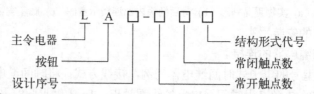

3. 按钮的选用

1）按钮类型选用应根据使用场合和具体用途确定。例如按控制柜面板上的按钮一般选用开启式，需显示工作状态则选用带指示灯式，重要设备为防止无关人员误操作就需选用钥匙式。

2）按钮数量选用应根据控制回路的需要确定。例如需要正、反和停三种控制，应选用 3 只按钮。

3）按钮颜色根据工作状态指示和工作情况要求选择。为便于识别各按钮作用，避免误操作，在按钮帽上制成不同标志并采用不同颜色以示区别，一般红色表示停止按钮、绿色或

156

黑色表示起动按钮。标准中规定的颜色使用和含义如表 5-5 所示。

表 5-5　按钮颜色及其含义

颜色	含　义	说　明	举　例
红	紧急情况	"停止"或"断电"；在危险或紧急事件中制动	在危险状态或在紧急状况时操作；停机紧急停机；用于停止/分断；切断一个开关紧急停止，激活紧急功能
黄	不正常注意	在出现不正常状态时操作；在不正常情况下制动	干预；参与抑制反常的状态；避免不必要的变化（事故）终止不正常情况
绿	安全	起动或通电；制动以激活正常情况	在安全条件下操作或正常状态下准备正常起动；接通一个开关装置；起动一台或多台设备制动以激活正常情况
蓝	强制性	在需要进行强制性干预的状态下操作；在需要强制行动时制动	复位动作；重置装置
白	没有特殊意义	除紧急分断外动作（见注）	起动/接通；停止/分断；激活（较佳）/停止
灰		起动/接通；激活/停止	停止/分断；激活停止
黑		起动/接通；激活/停止	停止/分断；激活/停止（较佳）

4. 按钮的安装

按钮安装在面板上时，应布置整齐，排列合理，如根据电动机起动的先后顺序，从上到下或从左到右排列。例如正、反和停 3 只按钮应装在同一按钮盒内。

5.2.8　低压电器检测任务实施

1. 任务目标

1）会识别常用的低压控制电器。

2）会根据控制要求，正确选用常用低压控制电器。

3）会安装常用低压控制电器。

2. 学生工作页

	日　期		地　点	
课题名称	低压控制电器监测操作		任务课时	2

1. 训练内容

1）认识交流接触器、热继电器、时间继电器和按钮的外形。

2）拆装交流接触器，并用万用表简单检测交流接触器。

3）拆装热继电器，并用万用表检测热继电器。

4）拆装时间继电器，并用万用表检测时间继电器。

5）用万用表测试按钮分合情况，判断其好坏。

2. 材料及工具

万用表、交流接触器、热继电器、时间继电器、按钮、导线和螺钉旋具。

3. 训练步骤

1）在给定的电器中选出交流接触器、热继电器、时间继电器和按钮，记录在表 5-6 中。

表 5-6　识别低压电器

序　号	名　称	型　号	图形符号	文字符号	主要参数	备　注
1						
2						
3						
4						
5						

2）用万用表简单检测交流接触器，将检测结果记录在表5-7中。

表5-7　交流接触器的结构和检测情况记录

触点对数		
主触点	常开辅助控制触点	常闭辅助控制触点

触点电阻			
常开辅助控制触点		常闭辅助控制触点	
动作前/Ω	动作后/Ω	动作前/Ω	动作后/Ω
线圈工作电压/V		线圈直流电阻/Ω	

3）用万用表简单检测热继电器，将检测结果记录在表5-8中。

表5-8　热继电器的结构和检测情况记录

触点对数		
热元件电阻值（Ω）	常开触点	常闭触点

触点电阻			
常开触点		常闭触点	
动作前/Ω	动作后/Ω	动作前/Ω	动作后/Ω
整定电流调整值/A			

4）用万用表简单检测时间继电器，将检测结果记录在表5-9中。

表5-9　时间继电器的结构和检测情况记录

触点对数			
瞬时常开控制触点	瞬时常闭控制触点	延时常开控制触点	延时常闭控制触点

触点电阻			
常　　开		常　　闭	
动作前/Ω	动作后/Ω	动作前/Ω	动作后/Ω
线圈工作电压/V		线圈直流电阻/Ω	

5）观察实际按钮结构，并用万用表测试其分合情况，判断其好坏。

4. 课后体会

_____

_____

_____

3. 工作任务评价表

组别 _____ 姓名 _____ 学号 _____

序 号	考核项目	评 分 标 准	配分	扣分	得分
1	电器识别	识别错误，每次扣 10 分	10		
2	电器拆装	1）拆装步骤不正确，每次扣 10 分 2）损坏和丢失零件，每次扣 10 分	20		
3	交流接触器检测	1）使用方法不正确扣 10 分 2）触点判断不正确扣 5 分	20		
4	热继电器检测	使用方法不正确扣 10 分	10		
5	时间继电器检测	1）使用方法不正确扣 10 分 2）触点判断不正确扣 5 分	20		
6	按钮检测	使用方法不正确扣 10 分	10		
7	安全文明操作	1）违反操作流程扣 5 分 2）工作场地不整洁扣 5 分	10		
备 注		合 计	100		

汇 总 得 分			
	工作行为 100 分（50%）	工作质量 100 分（50%）	总得分 100 分
组长评分			
教师评分			

说明：① 工作行为部分主要由小组长评定，实行百分制，教师有权特别处理。
　　　 ② 工作质量部分主要由教师抽查评定，实行百分制，其他组员成绩与抽查同学得分相同。
　　　 ③ 教师具有否定权，最后总得分以教师评分为准。

5.3　任务 3　电气图识读

布置任务

　　安装电动机的控制电路需要画出设计图，如何正确识读常用电气控制电路图呢？让我们一起来学习吧！

5.3.1　电气图的分类

　　电气图一般分为电气系统框图、电气原理图、电器元件布置图、电气安装接线图及功能图等。在电气安装与维修中用得最多的是电气原理图、电气安装接线图和平面位置图。

1. 电气原理图

　　电气原理图又称为电路图，是利用各种电气符号、图线来表示电气系统中各种电气设备、装置、元器件的相互关系或连接关系，阐述电路的工作原理，用来指导各种电气设备、电路的安装接线、运行、维护和管理。

　　电路图一般由电路、技术说明和标题栏 3 部分组成。电路通常采用规定的图形符号、文字符号并按功能布局绘制组成。技术说明中含文字说明和元器件明细表等，在电路图的右上方。标题栏画在电路图的右下角，其中注有工程名称、图名、图号、设计人等内容。

　　电气原理图是为了便于阅读和分析控制电路工作原理而绘制的。其主要形式是把一个电气元器件的各部件以分开的形式进行绘制，因此电路结构简单、层次分明，适用于研究和分

析控制系统的工作原理，电气原理图如图 5-24 所示。

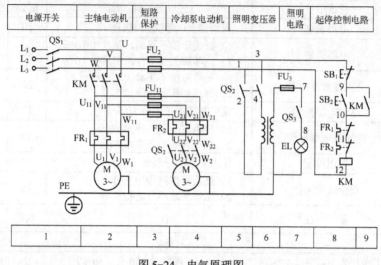

图 5-24　电气原理图

2. 电气安装接线图

电气安装接线图是为安装电气设备和电气元器件进行配线或检修电气故障服务的。在图中显示出电气设备中各个元器件的实际空间位置与接线情况。接线图是根据电器位置布置最合理、连接导线最方便且最经济的原则来安排的，电气安装接线图如图 5-25 所示。

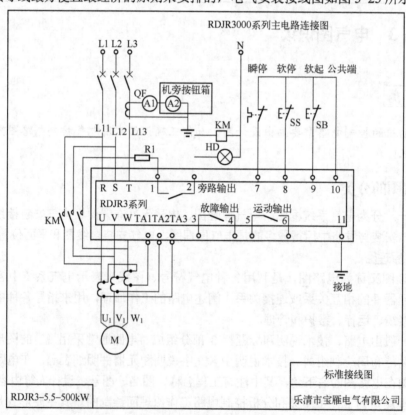

图 5-25　电气安装接线图

160

3. 电器元器件布置图

电器元器件布置图表明了电气设备上所有电器元器件的实际位置，为电气设备的安装及维修提供必要的资料。如图 5-26 所示。电器元器件布置图可根据电气设备的复杂程度集中绘制或分别绘制。

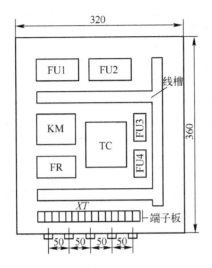

图 5-26　电器元器件布置图

电器元器件的布置应注意以下几方面。

1）体积大和较重的元器件应安装在电器安装板的下方，而发热元器件应安装在电器安装板的上面。

2）强电、弱电应分开，弱电应屏蔽，防止外界干扰。

3）电气柜的门上，除了人工控制开关、信号和测量部件外，不能安装任何器件。

4）需要经常维护、检修、调整的元器件，其安装位置不宜过高或过低。

5）发热元器件安装在电气柜内的上方，并注意将发热元器件和感温元器件隔开，以防误动作。

6）元器件的布置应考虑整齐、美观、对称。应尽量将外形与结构尺寸相同或相近的电气元件安装在一起，既便于安装和布线处理，又使电气柜内的布置整齐美观。

7）元器件布置不宜过密，应留有一定间隔。如用走线槽，应加大各排电器间距，以利布线和维护。

5.3.2　常用元器件的图形符号

如果将各种元器件一一描绘成实际的形态，那将是十分复杂的。电气图形符号指的是用规定简单的书写符号表示不同元器件。电气图形符号忽略了电气元器件的机械细节，简化了电路中的一部分元器件，使工作人员能立刻明白其工作状态。电气图形符号需要规定通用的表示方法并按规定正确地绘制。因此，为了理解电路图，首先，有必要记忆电气图形符号。国内外常用电气符号见表 5-10～表 5-13。

表 5-10　常用元器件图形符号对照

类　别	名　称		文字符号	新国标 图形符号	旧国标 图形符号
无源 元件	电阻器	一般符号	R		
		可变电阻器	RP		
		带滑动触点的电阻器			
		带滑动触点的电位器			
		带固定抽头的电阻器			
	电容	一般符号	C		
		极性电容			
		可调电容器			
	电感	一般符号	L		
		带磁心的电感器			
		有二抽头电感器			
半导 体管	半导体二 极管	一般符号	VD		
		发光二极管	LED		
		稳压二极管	VS		
半导 体管	半导体晶 体管	PNP 型晶体管	VT		
		NPN 型晶体管			
	晶闸管	反向阻断二极晶体闸流管	V		
		晶体闸流管			

表 5-11　常用开关与触点图形符号对照

类　别	名　称		文字符号	新国标 图形符号	旧国标 图形符号
触　点	两个或三 个位置的触点	动合（常开）触点（也可用 作开关的一般符号）	Q		
		动断（常闭）触点			
	延时动作 的触点	延时闭合的动合触点	KT		
		延时断开的动合触点			
		延时闭合动断（常闭）触点			
		延时断开动断（常闭）触点			

类　别	名　称	文字符号	新国标图形符号	旧国标图形符号	类　别
开关和开关器件	单极开关	手动开关的一般符号	SB		
		动合（常开）按钮（不闭锁）			
		动断（常闭）按钮（不闭锁）			
	位置和限制开关	动合触点	SQ		或
		动断触点			或
		双向机械操作			
	电力开关器件	接触器动合（常开）主触点	KM		或
		接触器动断（常闭）主触点			或
		断路器	QF		
		隔离开关	QS		
	单极、多极和多位开关	三极开关单线表示 QK	QS		
		多线表示			
有或无继电器	操作器件	一般符号（接触器、继电器电磁铁线圈一般符号）	K	或	或
		具有两个绕组的操作器件组合表示法		或	或
		热继电器的驱动器件	FR		
		欠电压继电器的线圈	KV	$U<$	$U>$
		过电流继电器的线圈	KI	$I>$	$I>$
保护器件	熔断器和熔断器式开关	熔断器的一般符号	FU		
		具有独立报警电路的熔断器			单线　多线
	火花间隙和避雷器	火花间隙	F		→ ←
		避雷器			

电动机的文字符号为 M，它图形符号对照见表 5-12。

表 5-12 电动机图形符号对照

名　称	图形符号	名　称	图形符号	名　称	图形符号
三相笼型异步电动机	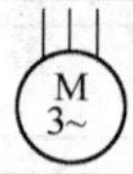	三相绕线转子异步电动机		他励直流电动机	
并励直流电动机		串励直流电动机	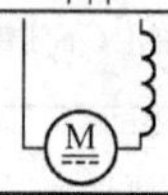		

电压、电流及接线元器件图形符号见表 5-13。

表 5-13 电压、电流及接线元件图形符号

图形符号	名称及说明	文字符号
===	直流	DC
∼ 50Hz	交流，50Hz	AC
∼	低频（工频或亚音频）	
≈	中音（音频）	
≋	高音（超音频、载频带或射频）	
 ≂	交直流	
+	正极	
−	负极	
 ⌒	按箭头方向单向旋转	
 ⌣	双向旋转	
 ∼	往复运动	
 ↯	非电离的电磁辐射（无线电波、可见光等）	
 ↯	电离辐射	
 ⊓	正脉冲	
 ⊔	负脉冲	
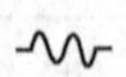 ∿	交流脉冲	
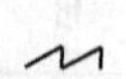 ∿	锯齿波	
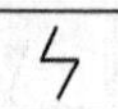 ⌁	故障	
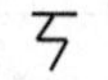 ⌁	击穿	
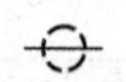 ⊖	屏蔽导线	
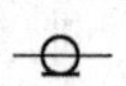 ⊖	同轴电缆、同轴对	

图形符号	名称及说明	文字符号
✓ ○	端子	
╪ ╧	导线的连接	
╪	导线的不连接	
━■▷ 或 ▷	插头和插座	X
⏚	接地一般符号	E
⎓ ⏚	接机壳或接地板	
▽	等电位	

5.3.3 电气图的识读

1. 电气图识读的一般步骤

1）读图样的有关说明。图样的有关说明包括图样目录、技术说明、器件（元件）明细表及施工说明书等。阅读图样的有关说明，可以首先了解工程的整体轮廓、设计内容及施工的基本要求。

2）读电气原理图。根据电工基本原理，在图样上首先分出主回路和辅助回路、交流回路和直流回路。然后一看主回路，二看辅助回路。看主回路时，应从用电设备开始，经过控制元器件往电源方看。看辅助回路时，应从左到右或自上而下看。

3）安装接线图。安装接线图是根据电气原理绘制的图样。识读时应先读主回路，后读辅助回路。读主回路时，可以从电源引入处开始，根据电流流向，依次经控制元器件和电路到用电设备。读辅助回路时，仍从一相电源出发，根据假定电流方向经控制元器件巡行到另一相电源。在读图时还应注意施工中所有元器件的型号、规格、数量以及布线方式、安装高度等重要资料。

下面重点讲解如何识读电气原理图。

2. 电气原理图的识读

熟练识读电气原理图，是掌握设备正常工作状态、迅速处理电气故障的必不可少的环节。

1）阅读电气原理图时，必须熟悉图中各元器件符号和作用。

2）主电路时，应该了解主电路有哪些用电设备（如电动机、电炉等），以及这些设备的用途和工作特点。并根据工艺过程，了解各用电设备之间的相互联系，采用的保护方式等。在完全了解主电路的这些工作特点后，就可以根据这些特点再去阅读控制电路。

3）控制电路时，一般先根据主电路接触器主触点的文字符号，到控制电路中去找与之相应的吸引线圈，进一步弄清楚电动机的控制方式。这样可将整个电气原理图划分为若干部分，每一部分控制一台电动机。另外控制电路依照生产工艺要求，按动作的先后顺序，自上而下、从左到右、并联排列。因此读图时也应当自上而下、从左到右，一个环节、一个环节地进行分析。

4）对于机、电、液配合得比较紧密的生产机械，必须进一步了解有关机械传动和液压传动的情况，有时还要借助于工作循环图和动作顺序表，配合电器动作来分析电路中的各种联锁关系，以便掌握其全部控制过程。

5）最后阅读照明、信号指示、监测、保护等各辅助电路环节。

6）比较复杂的控制电路，可按照先简后繁，先易后难的原则，逐步解决。因为无论怎样复杂的控制电路，总是由许多简单的基本环节所组成。阅读时可将他们分解开来，先逐个分析各个基本环节，然后再综合起来全面加以解决。

概括地说，阅读的方法可以归纳为：从机到电、先"主"后"控"、化整为零、连成系统。

电气原理图 5-27 是电动机点动正转控制电路。该电路由主电路和控制电路两部分构成，其中主电路由电源开关 QS、熔断器 FU1 和交流接触器的 3 个 KM 主触点和电动机组成，控制电路由熔断器 FU2、按钮开关 SB 和接触器 KM 线圈组成。

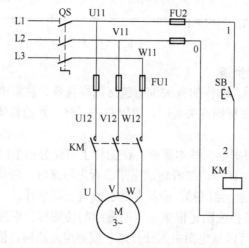

图 5-27　点动正转控制线路

当合上电源开关 QS 时，由于接触器 KM 的 3 个主触点处于断开状态，电源无法给电动机供电，电动机不工作。若按下按钮开关 SB，L1、L2 两相电压加到接触器 KM 线圈两端，有电流流过 KM 线圈，线圈产生磁场吸合接触器 KM 的 3 个主触点，使 3 个主触点闭合，三相交流电源 L1、L2、L3 通过 QS、FU1 和接触器 KM 的 3 个主触点给电动机供电，电动机运转。此时，若松开按钮开关 SB，无电流通过接触器线圈，线圈无法吸合主触点，3 个主触点断开，电动机停止运转。

在该电路中，按下按钮开关时，电动机运转；松开按钮时，电动机停止运转。所以称这种电路为点动式控制电路。

5.3.4　电气图识读任务实施

1. 任务目标

1）熟悉掌握电气图中常用的电气符号含义。

2）了解电气图的绘图要求。

3）掌握电气图识图的方法。

4）会识读基本的电气原理图。

5）会画简单电气安装接线图和电器元件布置图。

2. 学生工作页

课题序号		日　　期		地　　点	
课题名称		常用电气识图		任务课时	2

1. 训练内容

1）学习电气图中常用的电气符号含义。

2）学习电气图识图的方法。

3）识读基本的电气原理图。

4）绘制电气安装接线图和元器件布置图。

2. 材料及工具

多媒体资料、铅笔、绘图样、尺子、橡皮擦等。

3. 训练步骤

1）结合多媒体资料学习电气图中常用的电气符号含义，学习电气图识图的方法。

2）读图 5-28 为电气控制原理图，说明电路的工作原理

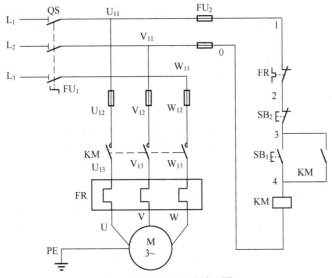

图 5-28　电气控制原理图

3）列出图 5-28 中的电气元器件清单，填入表 5-14 中

表 5-14　电气元器件清单

电　　路	电器元件名称	数　　量	备　　注

4）画出图 5-28 中的电气安装接线图。

5）画出图 5-28 中的元器件布置图。

4. 体会

_____

_____

_____

_____

3. 工作任务评价表

组别 _____ 姓名 _____ 学号 _____

<table>
<tr><td colspan="7" align="center">工 作 质 量</td></tr>
<tr><td>序　　号</td><td>考核项目</td><td>评 分 标 准</td><td>配分</td><td>扣分</td><td>得分</td></tr>
<tr><td>1</td><td>识读电气原理图</td><td>识读不正确每处扣 10 分</td><td>40</td><td></td><td></td></tr>
<tr><td>2</td><td>绘制电气安装接线图</td><td>每处画错扣 10 分</td><td>30</td><td></td><td></td></tr>
<tr><td>3</td><td>绘制元器件布置图</td><td>每处画错扣 10 分</td><td>20</td><td></td><td></td></tr>
<tr><td>4</td><td>安全文明操作</td><td>1）违反操作流程扣 5 分
2）工作场地不整洁扣 5 分</td><td>10</td><td></td><td></td></tr>
<tr><td align="center">备　　注</td><td align="center">合　　计</td><td></td><td>100</td><td></td><td></td></tr>
</table>

<table>
<tr><td colspan="4" align="center">汇 总 得 分</td></tr>
<tr><td></td><td align="center">工作行为 100 分（50%）</td><td align="center">工作质量 100 分（50%）</td><td align="center">总得分 100 分</td></tr>
<tr><td>组长评分</td><td></td><td></td><td></td></tr>
<tr><td>教师评分</td><td></td><td></td><td></td></tr>
</table>

说明：1. 工作行为部分主要由小组长评定，实行百分制，教师有权特别处理。

2. 工作质量部分主要由教师抽查评定，实行百分制，其他组员成绩与抽查同学得分相同。

3. 教师具有否定权，最后总得分以教师评分为准。

5.4 任务 4 三相异步电动机的点动控制

 布置任务

三相异步电动机点动控制是指需要电动机作短时断续工作时，只要按下按钮电动机就转

168

动，松开按钮电动机就停止动作的控制。它是用按钮、接触器来控制电动机运转的最简单的正转控制电路，如工厂中对车床设备的微调和校准等。那么，如何来安装点动控制电路？让我们一起来学习吧！

5.4.1 控制电路安装基本知识

1. 安装控制电路前准备

1）识读原理图。明确电路所用电器元件名称及其作用，熟悉电路的操作过程和工作原理。

2）配齐元器件。列出元器件清单，配齐电气元器件，并逐一进行质量检测。图 5-29 就是控制电路所需的各个元器件。

3）画电器元器件布置图。画出电路中各元器件在配电板上的布置图，如图 5-30 所示。

图 5-29 控制线路所需的元器件

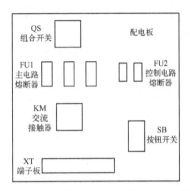

图 5-30 元器件在配电板上的布置图

4）画电气接线图。画出各元器件的接线图，画接线图时各元器件的连接要与原理图一致，接线图如图 5-31 所示。

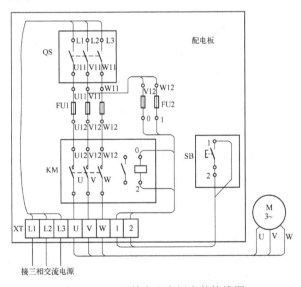

图 5-31 元器件在配电板上的接线图

2. 控制电路安装的基本步骤

1）按安装位置固定电气元器件。将电气元器件安装在控制板上。

2）按工艺要求进行接线。根据电动机容量选配符合规格的导线，分别连接主电路和控制电路。

3）连接导线。连接电动机和所有电气元器件金属外壳的保护接地线，连接电源、电动机及控制板外部的导线。

4）检测线路。检查主电路接线是否正确；用万用表电阻档检查控制电路接线是否正确，防止因接线错误造成不能正常运行或短路事故。

5）通电试车。为保证人身安全，必须在教师监护下通电试车。

3. 控制电路安装的基本工艺要求

（1）安装电气元器件的工艺要求

1）组合开关、熔断器的受电端子应安装在控制板的外侧。

2）各元器件的安装位置应齐整，匀称，间距合理，便于元器件的更换。

3）紧固各器元件时要用力匀称，紧固程度适当。在紧固熔断器、接触器等易碎元器件时，应用手按住元器件一边轻轻摇动，一边用螺钉旋具轮换旋紧对角线上的螺钉，直到手摇不动后再适当旋紧些即可。

（2）板前明线布线的工艺要求

1）布线通道尽可能少，同时并行导线按主、控电路分类集中，单层密排，紧贴安装面布线，架空跨线不能超过 2cm。

2）同一平面的导线应高低一致，不能交叉。非交叉不可时，该根导线应在接线端子引出时，就水平架空跨越，但必须走线合理。

3）走线应平整，转角处应弯成直角，即做到"横平竖直"，如图 5-32 所示，做线时要用手将拐角做成 90°的慢弯导线弯曲半径为导线直径的 3～4 倍，不要用钳子将导线做成死弯，以免损伤导线绝缘点及芯线。

4）布线时严禁损伤线芯和导线绝缘。

5）布线顺序一般应按"先主电路，后控制电路"。

6）所有从一个接线端子（或接线桩）到另一个接线端子（或接线桩）的导线必须连接，中间无接头。

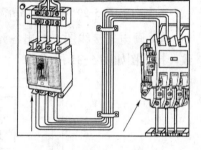

图 5-32　布线"横平竖直"

7）导线与接线端子或接线桩连接时，不得压绝缘层、不露铜过长，外露裸导线不能超过芯线外径。

8）同一元器件、同一回路的不同接点的导线间距离应保持一致。

9）一个电器元件的接线端子上的导线连接不得多于两根，每节接线端子板上的连接导线一般只允许连接一根。

（3）控制板与外部连接应注意

1）控制板与外部按钮、行程开关、电源负载的连接应穿护线管，且连接线用多股软铜线。电源负载也可用橡皮电缆连接。

2）控制板或配电箱内的电气元器件布局要合理，这样既便于接线和维修，又保证安全和整齐好看。

（4）塑料槽板布线工艺规定

1）较复杂的电气控制设备还可采用塑料槽板布线，槽板应安装在控制板上，要横平竖直。

2）槽板拐弯的接合处应呈直角，要结合严密。

3）将主电路和控制电路导线自由布放到槽内，将接线端的线头从槽板侧孔穿出至电气控制设备、电气元器件的接线桩，布线完毕后将槽盖板扣上，槽板外的引线也要力求完美、整齐。

4）导线选用应根据设备容量和设计要求，采用单股芯线或多股软芯线均可。

5）接头、接点工艺处理均按板前布线安装要求进行。

5.4.2 电动机控制电路故障诊断

电气控制电路是用导线将电动机、电器、仪表等电气元器件连接起来，并实现某种要求的电气控制电路。根据电流的大小分为主电路和控制电路，而控制电路的表示方法分为原理图和安装线路图。电气维修人员必须精读电气原理和熟悉电气安装接线图才能很好地完成故障诊断任务。

1. 精读电气原理图

电动机的控制电路是由一些电气元器件按一定的控制关系连接而成的，这种控制关系反映在电气原理图上。为了顺利地安装接线，检查调试和排除线路故障，必须认真阅读原理图。要看懂线路中各电气元器件之间的控制关系及连接顺序，分析电路控制动作，以便确定检查线路的步骤与方法。明确电气元器件的数目，种类和规格。对于比较复杂的电路，还应看懂是由哪些基本环节组成的，分析这些环节之间的逻辑关系。

2. 熟悉安装接线图

原理图是为了方便阅读和分析控制原理而用"展开法"绘制的，并不反映电气元器件的结构、体积和实现的安装位置。为了具体安装接线、检查线路和排除故障，必须根据原理图查阅安装接线图。安装接线图中各电器元件的图形符号及文字符号必须与原理图核对，在查阅中做好记录，减少工作失误。

3. 检查电气元器件

1）电气元器件外观是否整洁，外壳有无破裂，零部件是否齐全，各接线端子及紧固、锈蚀等现象。

2）电气元器件的触头有无熔焊粘连变形，严重氧化锈蚀等现象；开距、超程是否符合要求；压力弹簧是否正常。

3）电器的电磁机构和传动部件的运动是否灵活；衔铁有无卡住，吸合位置是否正常；使用前应清除铁心端面的防锈油。

4）用万用表检查所有电磁线圈的通断情况。

5）检查有延时作用的电气元器件功能，如时间继电器的延时动作、延时范围及整定机构的作用；检查热继电器的热元件和触头的动作情况。

6）核对各电气元器件的规格与图样要求是否一致。

4. 接线的检查与维修

1）选择合适的导线截面，按接线图规定的方位，在固定好的电气元器件之间测量，需要的长度，截取长短适当的导线，剥去导线两端绝缘皮，其长度应满足连接需要。为保证导线与端子接触良好，压接时将芯线表面的氧化物去掉，使用多股导线时应将线头绞紧烫锡。

2）走线时应尽量避免导线交叉，先将导线校直，把同一走向的导线汇成一束，依次弯向所需要的方向。走线应横平竖直，拐直角弯。做线时要用手将拐角做成 90° 的慢弯导线弯曲半径为导线直径的 3~4 倍，不要用钳子将导线做成死弯，以免损伤导线绝缘点及芯线。做好的导线应绑扎成束用非金属线卡卡好。

3）将成型好的导线套上线号管，根据接线端子的情况，将芯线弯成圆环或直接压进接线端子。

4）接线端子应紧固好，必要时装设弹簧垫圈，防止电器动作时因受振动而松脱。

5）同一接线端子内压接两根以上导线时，可套一只线号管，导线截面不同时，应将截面大的放在下层，截面小的放在上层，所有线号要用不易褪色的墨水，用印刷体书写清楚。

5. 电路的检查

1）核对接线。对照原理图、接线图，从电源端开始逐段核对端子接线线号，排除错误和漏接线现象，重点检查控制电路中容易错接线的线号，还应核对同一导线两端线号是否一致。

2）检查端子接线是否牢固。检查端子上所有接线压线是否牢固，接触是否良好，不允许有松动、脱落现象，以免通电试车时因导线虚接造成故障。

3）用万用表检查。在控制电路不通电时，用手动来模拟电器的操作动作，用万用表测量电路的通断情况。应根据控制电路的动作来确定检查步骤和内容；根据原理图和接线图选择测量点，先断开控制电路检查主电路，再断开主电路检查控制电路，主要检查以下内容：

① 主电路不带负荷（即电动机）时相间绝缘情况，接触主触头接触的可靠性，正反转控制线路的电源换相线路和热继电器、热元件是否良好，动作是否正常等。

② 控制电路的各个环节及自保、联锁装置的动作情况及可靠性，设备的运动部件、联动元器件动作的正确性及可靠性，保护电器动作准确性等。

举例说明：用万用表电阻分段测量法。图 5-33 所示为电阻分段测量法检查和判断电动机点动控制电路的示意图，如故障为"按下起动按钮 SB₁，接触器 KM 不吸合"，检测方法如下：

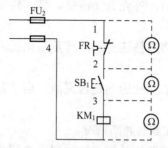

图 5-33　电阻分段测量法检查和判断电动机点动控制电路的示意图

切断电源，用万用表电阻档测"1—2"之间的电阻，若阻值为零表示电路正常，若阻值很大表示对应点的导线或热继电器 FR（"1—2"间）可能接触不良或开路。

按下起动按键 SB₁，测量"2—3"之间的电阻。若阻值为零，说明电路正常；如阻值很大，表示导线或起动按钮 SB₁接触不良或开路。

测量"3—4"之间的电阻，若阻值等于线圈的直流电阻，说明电路正常；若阻值为零，说明线圈短路；若阻值超过线圈的直流电阻很多，表示导线与线圈 KM 接触不良或开路。

6. 试车

1）空操作试验。装好控制电路中熔断器熔体，不接主电路负载，试验控制电路的动作是否可靠，接触器动作是否正常，检查接触器自保、联锁控制是否可靠，用绝缘棒操作行程开关，检查其行程及限位控制是否可靠，观察各电气动作灵活性，注意有无卡住现象，细听各电气动作时有无过大的噪声，检查线圈有无过热及异常气味。

2）带负载试车。控制电路经过数次空操作试验动作无误后，即可断开电源，接通主电路带负载试车。电动机起动前就先做好停车准备，起动后要注意电动机运行是否正常。若发现电动机起动困难，发出噪声，电动机过热，电流表指示不正常，应立即停车断开电源进行检查。

3）有些电路的控制动作需要调试，如定时运转电路的运行和间隔的时间；Y-Δ起动控制电路的转换时间；反接制动控制电路的终止速度等。

试车正常后，才能投入运行。

5.4.3 电动机点动控制电路

1. 电动机点动控制电路原理图

三相笼型异步电动机点动正转控制电路如图 5-34 所示。该电路由主电路和控制电路两部分构成，其中主电路由电源开关 QS、熔断器 FU_1 和交流接触器的 3 个 KM 主触点和电动机组成，控制电路由熔断器 FU_2、按钮开关 SB 和接触器 KM 线圈组成。

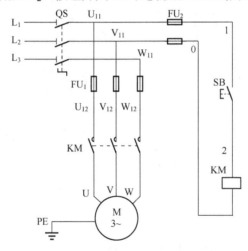

图 5-34 三相笼型异步电动机点动正转控制电路图

由于电动机起动时的电流较大，熔断器的额定电流值选择较大，为电动机的 1.5～2.5 倍。熔断器只能在电动机短路时熔断保护。

电动机点动正转控制的操作过程和工作原理如下：

合上电源开关 QS。

1）起动。

按下按钮 SB→接触器 KM 线圈通电吸合→主触点 KM 闭合→电动机 M 起动运行。

2）停车。

松开按钮 SB→接触器 KM 线圈失电释放→主触点 KM 断开→电动机 M 断电停车。停止使用时，断开电源开关 QS。

2. 电动机点动控制电路安装

电动机点动控制电路原理图如图 5-34 所示，电路安装及点动功能实现步骤如下。

1）固定元器件。

将元器件固定在控制板上。要求元器件安装牢固，并符合工艺要求。点动控制电路元器件布置参考图如图 5-35 所示，按钮 SB 可安装在控制板外。

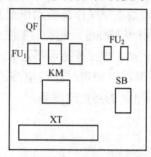

图 5-35　点动控制电路元器件布置图

2）安装主电路。

根据电动机容量选择主电路导线，按电气控制电路图接好主电路。点动控制电路主电路接线参考图如图 5-36a 所示。

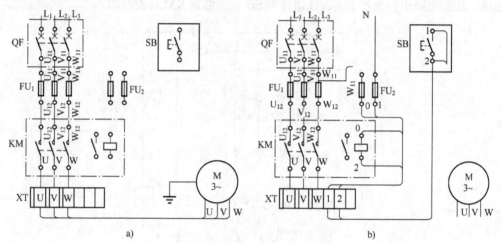

图 5-36　点动控制线路接线参考图
a) 主电路　b) 控制电路

3）安装控制电路。

根据电动机容量选择控制电路导线，按电气控制电路图接好控制电路。点动控制电路接线参考图如图 5-36b 所示

3. 电动机点动控制电路检查

1）主电路接线检查。

按电路图或接线图从电源端开始，逐段核对接线有无漏接、错接、冗接之处，检查导线接点是否符合要求，压接是否牢固，以免带负载运行时产生闪弧现象。

2）控制电路接线检查。

用万用表电阻档检查控制电路接线情况。检查时，应选用倍率适当的电阻档，并欧姆调零。断开主电路，将表笔分别搭在 W_{ll}、N 线端上，读数应为"∞"。按下"点动"按钮 SB 时，万用表读数应为接触器线圈的直流电阻值（如 CJ10-10 线圈的直流电阻值约为 1800Ω）；松开 SB，万用表读数应为"∞"。然后断开控制电路再检查主电路有无开路或短路现象，此时可用手动来代替按钮进行检查。

4. 通电试车

通过上述各项检查，完全合格后，检查三相电源，将热继电器按电动机的额定电流整定好，为了人身安全，要认真执行安全操作规程的有关规定，经老师检查并现场监护。

1）空操作试验。首先拆除电动机定子绕组的接线（XT 端子排上 U、V、W）接通三相电源 L_1、L_2、L_3，合上断路器 QF，用电笔检查熔断器出线端，氖管亮说明电源接通。按下 SB，观察接触器情况是否正常，是否符合电路功能要求；观察电器元器件动作是否灵活，有无卡阻及噪声过大现象。

2）带负载试验。首先断开电源（拉开断路器 QF），接上电动机定子绕组接线，合上 QF，按下 SB，观察电动机运行是否正常。若有异常，立即停车检查，放开 SB，电动机停止运转。

5.4.4 三相异步电动机点动控制任务实施

1. 任务目标

1）了解电气控制电路的基本安装步骤。
2）理解三相异步电动机点动控制的操作过程和工作原理。
3）会安装三相异步电动机点动控制电路。
4）会测试三相异步电动机点动控制电路。
5）会处理三相异步电动机点动控制电路的简单故障。

2. 学生工作页

课题序号		日　期		地　点	
课题名称	三相异步电动机点动控制电路操作			任务课时	2

1. 训练内容

1）识读图 5-34 三相异步电动机点动控制电路操作实训电路图。
2）根据图 5-34 点动控制电路操作实训电路图，列元器件清单。
3）三相异步电动机点动控制电路安装。
4）检查三相异步电动机点动控制电路。
5）实验板的使用。
6）通电试车三相异步电动机点动控制电路。

2. 材料及工具

三相交流电动机、螺钉旋具、剥线钳、电路板、万用表、低压电器、单芯导线若干。

3. 训练步骤

1）识读图 5-34 三相异步电动机点动控制电路实训电路图，会说出操作过程和工作原理。
2）列元器件清单。

根据图 5-34 三相异步电动机点动控制电路实训电路图，列出实训需要的元器件清单。将所需元器件的符号和数量填入表 5-15 中，并检测器件的质量。

表 5-15　元器件清单

序　号	名　称	符　号	规格型号	数　量
1	三相异步电动机			
2	低压断路器			
3	按钮			
4	主电路熔断器			
5	控制电路熔断器			
6	交流接触器			
7	端子排			
8	导线（单股）			
9	按钮导线（多股）			

3）三相异步电动机点动控制电路安装。

① 固定元器件。

② 安装主电路。

③ 安装控制电路。

安装线路的工艺要求有：

① 元器件布置合理，安装准确牢固。

② 布线通道尽可能少，要求横平竖直，高低一致，接线紧固美观。线路单层密排，同向并行，线与线之间不可交叉。

③ 导线按主按电路分类集中，先进行控制电路的布线安装，再进行主电路的布线安装。

④ 布线尽可能紧贴安装面板，靠近元器件走线，架空跨线不能超过 2cm。线路改变走向时应垂直成 90°，不可成尖锐的直角，应有平缓过渡。

⑤ 一个触点最多只能连接两根导线。

4）三相异步电动机点动控制电路检查。

① 主电路接线检查。

② 控制电路接线检查。

5）三相异步电动机点动控制电路通电试车。

通过上述各项检查，完全合格后，检查三相电源，将热继电器按电动机的额定电流整定好，为了人身安全，要认真执行安全操作规程的有关规定，经老师检查并现场监护。

① 空操作试验。

② 带负载试验。

4．课后体会

_____

_____

_____

3．工作任务评价表

组别 _____ 姓名 _____ 学号 _____

工 作 质 量					
序　号	考核项目	评 分 标 准	配分	扣分	得分
1	装前检查	电气元器件或错误，每处扣1分	5		
2	安装元器件	1）不按布置图安装扣15分 2）元器件安装不牢固，每处扣4分 3）元器件安装不整齐、不均匀对称、不合理每只扣3分 4）损坏元器件扣15分	15		

序　号	考核项目	评 分 标 准	配分	扣分	得分
3	布线	1）不按电路图接线扣 15 分 2）布线不符合要求，主电路每根扣 4 分，控制电路每根扣 2 分 3）接点不符合要求，每处扣 1 分 4）损坏导线绝缘或线芯，每根扣 5 分 5）导线乱线敷设扣 20 分	30		
4	通电试车	1）第 1 次试车不成功扣 20 分 2）第 2 次试车不成功扣 30 分 3）第 3 次试车不成功扣 40 分	40		
5	安全文明操作	1）违反操作流程扣 5 分 2）工作场地不整洁扣 5 分	10		
备　注		合　计	100		

汇 总 得 分			
	工作行为 100 分（50%）	工作质量 100 分（50%）	总得分 100 分
组长评分			
教师评分			

说明：① 工作行为部分主要由小组长评定，实行百分制，教师有权特别处理。
　　　② 工作质量部分主要由教师抽查评定，实行百分制，其他组员成绩与抽查同学得分相同。
　　　③ 教师具有否定权，最后总分以教师评分为准。

5.5　任务 5　三相异步电动机起停控制

布置任务

　　三相电动机连续控制电路是指当按下起动按钮时，再松开起动按钮，控制电路仍保持接通，电动机仍继续运转工作。那么，三相电动机连续控制电路如何安装？让我们一起来学习吧!

5.5.1　三相异步电动机起停控制电路

　　如果要使电动机经过按钮起动后，在松开按钮时仍能连续运转，在点动控制电路的基础上，将接触器 KM 的常开辅助触头并联在起动按钮 SB_1 的两端，同时，控制回路中再串联一个停止按钮 SB_2，控制电动机的停转，三相异步电动机一起停控制电路图如图 5-37 所示。

　　在电路中，当按下 SB_1 时接触器 KM 的常开辅助触头因为 KM 线圈得电而闭合，这时即使放开按钮 SB_1，KM 线圈仍因 KM 的常开辅助触头闭合得电而闭合，这种现象也称为自锁。

　　从图 5-37 可以看出，电路中增加了一个热继电器 FR，发热元件串接在主电路中，常闭触

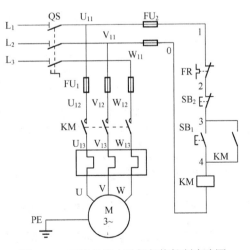

图 5-37　三相异步电动机起停控制电路图

点串接在控制电路。当电动机过载运行时，流过热继电器发热元件的电流偏大（该电流比熔断器的额定电流小），发热元件（通常为双金属片）因发热而弯曲，流过传动机构将常闭触点断开，控制电路被切断，接触器 KM 线圈失电，主电路中的接触器 KM 主触点断开，电动机供电被切断而停转，该电路具有过载保护。

三相笼型异步电动机连续控制电路的操作过程和工作原理如下：

合上电源开关 QS。

1）起动。

按下按钮 SB₁→接触器 KM 线圈通电吸合→KM 主触点闭合、KM 常开辅助触点闭合→电动机起动运行。

2）停车。

按下停止按钮 SB₂→接触器 KM 线圈失电释放→KM 主触点断开、KM 常开辅助触点断开→电动机断电停止。断开电源开关 QS。

该控制电路还能实现欠电压和过电压保护。

欠电压保护是指当电源电压偏低（一般低于额定电压的 85%）时切断电动机的供电，让电动机停止运转。欠电压保护过程分析如下：电源电压偏低，L₁、L₂ 两相间的电压偏低，接触器 KM 线圈两端电压偏低，产生的吸合力小，不足以继续吸合 KM 主触点和常开辅助触点，主、辅触点断开，电动机供电被切断而停转。

失电压保护是指当电源电压消失时切断电动机的供电途径，并保证在重新供电时无法自行起动。失电压保护过程分析如下：电源电压消失，L₁、L₂ 两相间的电压消失，KM 线圈失电，KM 主、辅触点断开，电动机供电被切断。在重新供电后，由于主、辅触点已断开，并且起动按钮 SB₁ 也处于断开状态，因此电路不会自动为电动机供电。

5.5.2 三相异步电动机起停控制任务实施

1. 任务目标

1）理解三相异步电动机起停控制的操作过程和工作原理。

2）学会安装三相异步电动机起停控制电路。

3）学会测试三相异步电动机起停控制电路。

4）会处理三相异步电动机起停控制电路的简单故障。

2. 学生工作页

课题序号		日　期		地　点	
课题名称	三相异步电动机起停控制电路操作			任务课时	2+课外+2

1. 训练内容
1）识读图 5-37 三相异步电动机起停控制电路操作实训电路图。
2）根据图 5-37 起停控制电路操作实训电路图，列元器件清单。
3）三相异步电动机起停控制电路安装。
4）检查三相异步电动机起停控制电路。
5）通电试车三相异步电动机起停控制电路。

2. 材料及工具
三相交流电动机、螺钉旋具、剥线钳、电路板、万用表、低压电器及单芯导线若干。

3. 训练步骤
1）识读图 5-37 三相异步电动机起停控制电路实训电路图，会说出操作过程和工作原理。
2）列元器件清单。

根据图 5-37 三相异步电动机起停控制电路实训电路图，列出实训需要的元器件清单。将所需元器件的符号和数量填入表 5-16 中。

表 5-16　元器件清单

序　号	名　　称	符　号	规格型号	数　量
1	三相异步电动机			
2	低压断路器			
3	按钮			
4	主电路熔断器			
5	控制电路熔断器			
6	交流接触器			
7	热继电器			
8	端子排			
9	导线（单股）			
10	按钮导线（多股）			

3）三相异步电动机起停控制电路线路安装。

① 固定元器件。

② 安装主电路与控制电路。

参照点动控制电路接线参考图，画出电动机起停控制电路的接线图，如图 5-38 所示。按工艺要求，安装电路。

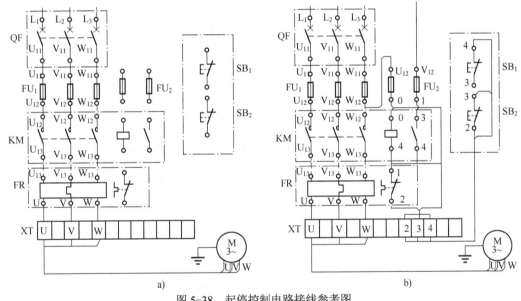

a)　　　　　　　　　　　　　　　b)

图 5-38　起停控制电路接线参考图
a) 主电路　b) 控制电路

4）三相异步电动机起停控制电路检查。

① 主电路接线检查。按电路图或接线图从电源端开始，逐段核对接线有无漏接、错接、冗接之处，检查导线接点是否符合要求，压接是否牢固，以免带负载运行时产生闪弧现象。

② 控制电路接线检查。用万用表电阻档检查控制电路接线情况。检查时，应选用倍率适当的电阻档，并欧姆调零。断开主电路，松开起动按钮 SB₁，按下 KM 触头架，检查常闭辅助触点应断开，常开辅助触点应闭合，将表笔分别搭在 W₁₁、L 线端上，万用表读数应为接触器线圈的直流电阻值。若测得结果是断路，应检查 KM 触点、下、上端子接线是否正确，有无虚接脱落现象，必要时用万用表查找断路点，缩小范围找出后处理。

停车控制检查，按下起动按钮 SB₁ 或 KM 触点架，测得接触器线圈的直流电阻值，同时按下停止按钮

SB_2，万用表读数从接触器线圈的直流电阻值变为"∞"。

5）三相异步电动机起停控制电路通电试车。

通过上述各项检查，完全合格后，检查三相电源，将热继电器按电动机的额定电流整定好，为了人身安全，要认真执行安全操作规程的有关规定，经老师检查并现场监护。

① 空操作试验。首先拆除电动机定子绕组的接线（XT 端子排上 U、V、W）接通三相电源 L_1、L_2、L_3，合上断路器 QF，用电笔检查熔断器出电端，氖管亮说明电源接通。按下 SB_1，观察接触器情况是否正常，是否符合电路功能要求；观察电器元器件动作是否灵活，有无卡阻及噪声过大现象。

② 带负载试验。首先断开电源（拉开断路器 QF），接上电动机定子绕组接线，合上 QF，按下 SB_1，观察电动机运行是否正常。若有异常，立即停车检查，按下 SB_2，电动机停止运转。

4. 课后体会

_____
_____
_____
_____
_____
_____
_____

3. 工作任务评价表

组别 _____ 姓名 _____ 学号 _____

工 作 质 量					
序　号	考核项目	评 分 标 准	配分	扣分	得分
1	装前检查	电气元器件或错误，每处扣 1 分	5		
2	安装元器件	1）不按布置图安装扣 15 分 2）元器件安装不牢固，每处扣 4 分 3）元器件安装不整齐、不均匀对称、不合理每只扣 3 分 4）损坏元器件扣 15 分	15		
3	布线	1）不按电路图接线扣 15 分 2）布线不符合要求，主电路每根扣 4 分，控制电路每根扣 2 分 3）接点不符合要求，每处扣 1 分 4）损坏导线绝缘或线芯，每根扣 5 分 5）导线乱线敷设扣 20 分	30		
4	通电试车	1）第 1 次试车不成功扣 20 分 2）第 2 次试车不成功扣 30 分 3）第 3 次试车不成功扣 40 分	40		
5	安全文明操作	1）违反操作流程扣 5 分 2）工作场地不整洁扣 5 分	10		
	备　注	合　计	100		

汇 总 得 分		
	工作行为 100 分（50%）	工作质量 100 分（50%）	总得分 100 分
组长评分			
教师评分			

说明：① 工作行为部分主要由小组长评定，实行百分制，教师有权特别处理。
　　　② 工作质量部分主要由教师抽查评定，实行百分制，其他组员成绩与抽查同学得分相同。
　　　③ 教师具有否定权，最后总得分以教师评分为准。

5.6 任务6 三相异步电动机的正反转控制

5.6.1 三相异步电动机正反转控制电路

正反转控制运用生产机械要求运动部件能向正反两个方向运动的场合。如机床工作台电机的前进与后退控制；万能铣床主轴的正反转控制；圈板机的辊子的正反转控制；电梯、起重机的上升与下降控制等场所。

电动机要实现正反转控制：将其电源的相序中任意两相对调即可（简称为换相），通常是 V 相不变，将 U 相与 W 相对调，为了保证两个接触器动作时能够可靠调换电动机的相序，接线时应使接触器的上口接线保持一致，在接触器的下口调相。 由于将两相相序对调，故须确保 2 个 KM 线圈不能同时得电，否则会发生严重的相间短路故障，因此必须采取联锁。为安全起见，常采用按钮联锁（机械）和接触器联锁（电气）的双重联锁正反转控制电路（如原理图所示）；使用了（机械）按钮联锁，即使同时按下正反转按钮，调相用的两接触器也不可能同时得电，机械上避免了相间短路。另外，由于应用的（电气）接触器间的联锁，所以只要其中一个接触器得电，其长闭触点（串接在对方线圈的控制电路中）就不会闭合，这样在机械、电气双重联锁的应用下，电动机的供电系统不可能相间短路，有效地保护了电动机，同时也避免在调相时相间短路造成事故，烧坏接触器。

电动机正反转控制电路原理图如图 5-39 所示，其原理分析如下：

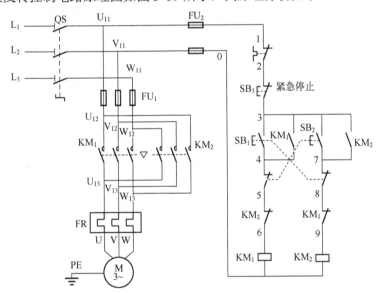

图 5-39 电动机正反转控制电路原理图

1）控制原理。

当按下正转起动按钮 SB_1 后，电源相通过热继电器 FR 的动断接点、停止按钮 SB_3 的动断接点、正转起动按钮 SB_1 的动合接点、反转交流接触器 KM_2 的常闭辅助触头、正转交流接触器线圈 KM_1，使正转接触器 KM_1 带电而动作，其主触头闭合使电动机正向转动运行，并通过接触器 KM_1 的常开辅助触头自保持运行。反转起动过程与上面相似，只是接触器 KM_2 动作后，调换了两根电源线 U、W 相（即改变电源相序），从而达到反转目的。

181

2）互锁原理。

接触器 KM₁ 和 KM₂ 的主触头决不允许同时闭合，否则造成两相电源短路事故。为了保证一个接触器得电动作时，另一个接触器不能得电动作，以避免电源的相间短路，就在正转控制电路中串接了反转接触器 KM₂ 的常闭辅助触头，而在反转控制电路中串接了正转接触器 KM₁ 的常闭辅助触头。当接触器 KM₁ 得电动作时，串在反转控制电路中的 KM₁ 的常闭触头分断，切断了反转控制电路，保证了 KM₁ 主触头闭合时，KM₂ 的主触头不能闭合。同样，当接触器 KM₂ 得电动作时，KM₂ 的常闭触头分断，切断了正转控制电路，可靠地避免了两相电源短路事故的发生。这种在一个接触器得电动作时，通过其常闭辅助触头使另一个接触器不能得电动作的作用叫联锁（或互锁）。实现联锁作用的常闭触头称为联锁触头（或互锁触头）。

5.6.2　三相异步电动机正反转控制任务实施

1. 任务目标

1）理解三相异步电动机正反转控制的操作过程和工作原理。

2）学会安装三相异步电动机正反转控制电路。

3）学会测试三相异步电动机正反转控制电路。

4）会处理三相异步电动机正反转控制电路的简单故障。

2. 学生工作页

课题序号		日　期		地　点	
课题名称		三相异步电动机正反转控制电路操作		任务课时	2+课外+2

1. 训练内容

1）识读图 5-39 三相异步电动机正反转控制电路操作实训电路图。

2）根据图 5-39 正反转控制电路操作实训电路图，列元器件清单。

3）三相异步电动机正反转控制电路安装。

4）检查三相异步电动机正反转控制电路。

5）通电试车三相异步电动机正反转控制电路。

2. 材料及工具

三相交流电动机、螺钉旋具、剥线钳、电路板、万用表、低压电器、单芯导线若干。

3. 训练步骤

1）识读图 5-39 三相异步电动机正反转控制电路实训电路图，会说出操作过程和工作原理。

2）列元器件清单。

根据图 5-39 三相异步电动机正反转控制电路实训电路图，列出实训需要的元器件清单。将所需元器件的符号和数量填入表 5-17 中。

表 5-17　元器件清单

序　号	名　称	符　号	规格型号	数　量
1	三相异步电动机			
2	低压断路器			
3	按钮			
4	主电路熔断器			
5	控制电路熔断器			
6	交流接触器			
7	热继电器			
8	端子排			
9	导线（单股）			
10	按钮导线（多股）			

3）三相异步电动机正反转控制电路安装。

① 固定元器件。

② 安装主电路与控制电路。

参照起停控制电路接线参考图，画出电动机正反转控制电路的接线图，按工艺要求，安装电路。

4）三相异步电动机正反转控制电路检查。

用前面所学的方法对电路进行检查。

5）三相异步电动机正反转控制电路通电试车。

通过上述各项检查，完全合格后，检查三相电源，将热继电器按电动机的额定电流整定好，为了人身安全，要认真执行安全操作规程的有关规定，经老师检查并现场监护。

① 空操作试验。首先拆除电动机定子绕组的接线（XT 端子排上 U、V、W）接通三相电源 L_1、L_2、L_3，合上断路器 QF，用验电笔检查熔断器出线端，氖管亮说明电源接通。按下 SB_1，观察接触器情况是否正常，是否符合电路功能要求；观察电器元件动作是否灵活，有无卡阻及噪声过大现象。

② 带负载试验。首先断开电源（拉开断路器 QF），接上电动机定子绕组接线，合上 QF，按下 SB_1，观察电动机正转运行是否正常，若有异常，立即停车检查，按下 SB_3，电动机停止运转。再按下 SB_2，观察电动机反转运行是否正常，按下 SB_3，电动机停止运转。

4．课后体会

_____

_____

_____

_____

_____

3．工作任务评价表

组别 _____ 姓名 _____ 学号 _____

工 作 质 量					
序　号	考核项目	评 分 标 准	配分	扣分	得分
1	装前检查	电气元器件或错误，每处扣 1 分	5		
2	安装元器件	1）不按布置图安装扣 15 分 2）元器件安装不牢固，每处扣 4 分 3）元器件安装不整齐、不均匀对称、不合理每只扣 3 分 4）损坏元器件扣 15 分	15		
3	布线	1）不按电路图接线扣 15 分 2）布线不符合要求，主电路每根扣 4 分，控制电路每根扣 2 分 3）接点不符合要求，每处扣 1 分 4）损坏导线绝缘或线芯，每根扣 5 分 5）导线乱线敷设扣 20 分	30		
4	通电试车	1）第 1 次试车不成功扣 20 分 2）第 2 次试车不成功扣 30 分 3）第 3 次试车不成功扣 40 分	40		
5	安全文明操作	1）违反操作流程扣 5 分 2）工作场地不整洁扣 5 分	10		
备　　注		合计	100		

汇 总 得 分		
工作行为 100 分（50%）	工作质量 100 分（50%）	总得分 100 分
组长评分		
教师评分		

说明：① 工作行为部分主要由小组长评定，实行百分制，教师有权特别处理。
② 工作质量部分主要由教师抽查评定，实行百分制，其他组员成绩与抽查同学得分相同。
③ 教师具有否定权，最后总得分以教师评分为准。

5.7 思考与练习题

1. 一台三相交流电动机，定子绕组星形联结于 U_L=380V 的对称三相电源上，其线电流 I_L=2.2A，$\cos\varphi$=0.8，试求每相绕组的阻抗 Z。

2. 已知对称三相交流电路，每相负载的电阻为 R=8Ω，感抗为 X_L=6Ω。

1）设电源电压为 U_L=380V，求负载星形联结时的相电流、相电压和线电流，并画相量图。

2）设电源电压为 U_L=220V，求负载三角形联结时的相电流、相电压和线电流，并画相量图。

3）设电源电压为 U_L=380V，求负载三角形联结时的相电流、相电压和线电流，并画相量图。

3. 已知电路如图 5-40 所示。电源电压 U_L=380V，每相负载的阻抗为 $R=X_L=X_C=$ 10Ω。

1）该三相负载能否称为对称负载？为什么？

2）计算中线电流和各相电流，画出相量图。

3）求三相总功率。

4. 图 5-41 所示的三相四线制电路，三相负载连接成星形，已知电源线电压 380V，负载电阻 R_a=11Ω，R_b=R_c=22Ω，试求：

1）负载的各相电压、相电流、线电流和三相总功率。

2）中性线断开，A 相又短路时的各相电流和线电流。

3）中性线断开，A 相断开时的各线电流和相电流。

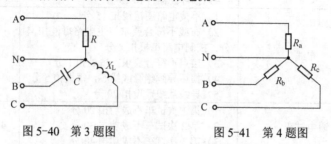

图 5-40　第 3 题图　　　　图 5-41　第 4 题图

5. 三相对称负载三角形联结，其线电流为 I_L=5.5A，有功功率为 P=7760W，功率因数 $\cos\phi$=0.8，求电源的线电压 U_L、电路的无功功率 Q 和每相阻抗 Z。

6. 电路如图 5-42 所示，已知 $Z=12+\mathrm{j}16\Omega$，$I_\mathrm{L}=32.9\mathrm{A}$，求 U_L。

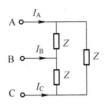

图 5-42　第 6 题图

7. 对称三相负载星形联结，已知每相阻抗为 $Z=31+\mathrm{j}22\Omega$，电源线电压为 380V，求三相交流电路的有功功率、无功功率、视在功率和功率因数。

8. 在线电压为 380V 的三相电源上，接有两组电阻性对称负载，如图 5-43 所示。试求线路上的总线电流 I 和所有负载的有功功率。

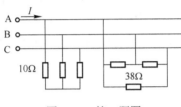

图 5-43　第 8 题图

9. 对称三相电阻作三角形联结，每相电阻为 38Ω，接于线电压为 380V 的对称三相电源上，试求负载相电流 I_P、线电流 I_L 和三相有功功率 P，并绘出各电压电流的相量图。

10. 对称三相电源，线电压 $U_\mathrm{L}=380\mathrm{V}$，对称三相感性负载作三角形联结，若测得线电流 $I_\mathrm{L}=17.3\mathrm{A}$，三相功率 $P=9.12\mathrm{kW}$，求每相负载的电阻和感抗。

11. 对称三相电源，线电压 $U_\mathrm{L}=380\mathrm{V}$，对称三相感性负载作星形联结，若测得线电流 $I_\mathrm{L}=17.3\mathrm{A}$，三相功率 $P=9.12\mathrm{kW}$，求每相负载的电阻和感抗。

12. 三相异步电动机的三个阻抗相同的绕组联结成三角形，接于线电压 $U_\mathrm{L}=380\mathrm{V}$ 的对称三相电源上，若每相阻抗 $Z=8+\mathrm{j}6\Omega$，试求此电动机工作时的相电流 I_P、线电流 I_L 和三相电功率 P。

13. 电气图分为哪几类？各有什么用途？

14. 电气原理图的阅读方法归纳起来是怎样的？

15. 阅读电气原理图中的控制电路部分时，应当注意什么问题？

16. 绘制电气原理图时，各部分电路在图中的位置如何安排？

17. 电气原理图、电器元件布置图、电气安装接线图这三种图各有什么作用？三者之间有什么关系？

18. 电气控制电路的基本要求有哪些？

19. 说明三相异步电动机点动控制的工作原理。

20. 说明三相异步电动机起停控制的工作原理。

21. 说明三相异步电动机正反转控制的工作原理。

22. 思考图 5-44 为三相笼型异步电动机两地控制电路，它可以分别在甲、乙两地控制接触器 KM 的通断，其中甲地的起停按钮为 SB_1、SB_2，乙地的起停按钮为 SB_3、SB_4。请分析电路的操作过程和工作原理。

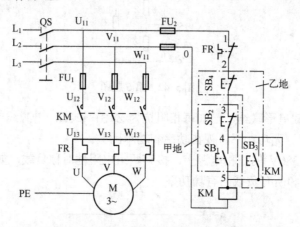

图 5-44　三相笼型异步电动机两地控制电路

参 考 文 献

[1] 王建. 维修电工技师手册[M]. 北京：机械工业出版社，2013.

[2] 李正吾. 新电工手册[M]. 2版. 合肥：安徽科学技术出版社，2015.

[3] 曹建林，邵泽强. 电工技术[M]. 北京：高等教育出版社，2014.

[4] 林训超，梁颖. 电工技术与应用[M]. 北京：高等教育出版社，2013.

[5] 王慧玲，电路基础[M]. 2版. 北京：高等教育出版社，2007.

[6] 饶蜀华，电工电子技术基础[M]. 北京：北京理工大学出版社，2008.

[7] 乔东明，简明实用电工手册[M]. 4版. 北京：机械工业出版社，2013.

[8] 冯澜，电路基础[M]. 北京：机械工业出版社，2015.

[9] 仇超，电工技术[M]. 北京：机械工业出版社，2009.

[10] 张石，刘晓志. 电工技术[M]. 北京：机械工业出版社，2012.

精品教材推荐

传感器与检测技术 第 2 版

书号：ISBN 978-7-111-53350-4

定价：43.00 元　　作者：董春利

推荐简言：

　　金属传统类、半导体新型类，每章包含两类内容。效应原理、结构特性、组成电路、应用实例，一脉相承。精品课程、电子课件、实训教材，配套成系。

工厂电气控制与 PLC 应用技术

书号：ISBN 978-7-111-50511-2

定价：39.90 元　　作者：田淑珍

推荐简言：

　　讲练结合，突出实训，便于教学；通俗易懂，入门容易，便于自学；结合生产实际，精选电动机典型的控制电路和 PLC 的实用技术，内容精炼，实用性强。

S7-200 SMART PLC 应用教程

书号：ISBN 978-7-111-48708-1

定价：33.00 元　　作者：廖常初

推荐简言：

　　S7-200 SMART 是 S7-200 的更新换代产品。全面介绍了 S7-200 SMART 的硬件、指令、编程方法、通信、触摸屏组态和编程软件使用方法。有 30 多个实验的指导书，40 多个例程。

汽车电工电子技术基础 第 2 版

书号：ISBN 978-7-111-51679-8

定价：39.90 元　　作者：罗富坤 王彪

推荐简言：

理论够用：取材共性知识构建基础理论

内容实用：贴近工程实际形成系统概念

操作适用：实现工作任务训练综合职业能力

S7-300 PLC、变频器与触摸屏综合应用教程

书号：ISBN 978-7-111-50552-5

定价：39.90 元　　作者：侍寿永

推荐简言：

　　以工业典型应用为主线，按教学做一体化原则编写。通过实例讲解，通俗易懂，且项目易于操作和实现。知识点层层递进，融会贯通，便于教学和读者自学。图文并茂，强调实用，注重入门和应用能力的培养。

电力电子技术 第 2 版

书号：ISBN 978-7-111-52466-3

定价：43.00 元　　作者：张静之

推荐简言：

　　面向高等职业教育，兼顾理论分析与实践能力提升。加强基础，精练内容，循序渐进。结合技能等级鉴定的要求，突出理论的工程应用。教学课件、章节内容梳理和提炼、习题及参考答案等教学资源配套齐全，有利于教学。

精品教材推荐

SMT 工艺

书号：ISBN 978-7-111-53321-4

定价：35.00 元　　作者：刘新

推荐简言：

　　国家骨干高职院校建设成果。采用项目导向，任务驱动的模式组织教学内容。校企深度合作，教学内容符合 SMT 生产企业实际需求。

物联网技术应用——智能家居

书号：ISBN 978-7-111-50439-9

定价：35.00 元　　作者：刘修文

推荐简言：

　　通俗易懂，原理产品一目了然。内容新颖，实训操作添加技能。一线作者，案例讲解便于教学。

手机原理与维修项目式教程

书号：ISBN 978-7-111-53449-5

定价：26.00 元　　作者：陈子聪

推荐简言：

　　执行"以就业为导向"的指导思想，多采用实物图来讲解，便于学生形象理解，突出"做中学、做中教"的职业教学特色，以"智能机型"为例讲解，充分体现"以学生为本"的教学思想，突出手机维修技能训练。

光伏电站的施工与维护

书号：ISBN 978-7-111-52516-5

定价：29.90 元　　作者：袁芬

推荐简言：江苏省示范院校重点专业教改课程配套教材。校企合作编写，对接光伏电站，精选案例，实用性强。采用"项目-任务"的编写模式，突出"任务引领"的职业教育教学特色。理论联系实际，对光伏电站的施工、测试和维护具有可操作性。

Verilog HDL 与 CPLD/FPGA 项目开发教程 第 2 版

书号：ISBN 978-7-111-52029-0

定价：39.90 元　　作者：聂章龙

推荐简言：

　　教材内容以"项目为载体，任务为驱动"的方式进行组织。教材的项目选取源自企业化的教学项目，教材体现充分与企业合作开发的特色。教材知识点的学习不再将理论与实践分开，而是将知识点融入到每个项目的每个任务中。教材遵循"有易到难、有简单到综合"的学习规律。

电子产品装配与调试项目教程

书号：ISBN 978-7-111-53480-8

定价：39.90 元　　作者：牛百齐

推荐简言：

　　以项目为载体，将电子产品装配与调试工艺融入工作任务中。以培养技能为主线，学中做，做中学，快速掌握并应用。含丰富的实物及操作图片，真实、直观，方便教学。

自动化生产线安装与调试 第2版

书号： ISBN 978-7-111-49743-1
定价： 53.00 元　　**作者：** 何用辉
推荐简言： "十二五" 职业教育国家规划教材

　　校企合作开发，强调专业综合技术应用，注重职业能力培养。项目引领、任务驱动组织内容，融 "教、学、做" 于一体。内容覆盖面广，讲解循序渐进，具有极强实用性和先进性。配备光盘，含有教学课件、视频录像、动画仿真等资源，便于教与学

智能小区安全防范系统 第2版

书号： ISBN 978-7-111-49744-8
定价： 43.00 元　　**作者：** 林火养
推荐简言： "十二五" 职业教育国家规划教材

　　七大系统 技术先进 紧跟行业发展。来源实际工程 众多企业参与。理实结合 图像丰富 通俗易懂。参照国家标准 术语规范

短距离无线通信设备检测

书号： ISBN 978-7-111-48462-2
定价： 25.00 元　　**作者：** 于宝明
推荐简言： "十二五" 职业教育国家规划教材

　　紧贴社会需求，根据岗位能力要求确定教材内容。立足高职院校的教学模式和学生学情，确定适合高职生的知识深度和广度。工学结合，以典型短距离无线通信设备检测的工作过程为逻辑起点，基于工作过程层层推进。

数字电视技术实训教程 第3版

书号： ISBN 978-7-111-48454-7
定价： 39.00 元　　**作者：** 刘修文
推荐简言： "十二五" 职业教育国家规划教材

　　结构清晰，实训内容来源于实践。内容新颖，适合技师级人员阅读。突出实用，以实例分析常见故障。一线作者，以亲身经历取舍内容

物联网技术与应用

书号： ISBN 978-7-111-47705-1
定价： 34.00 元　　**作者：** 梁永生
推荐简言： "十二五" 职业教育国家规划教材

　　三个学习情境，全面掌握物联网三层体系架构。六个实训项目，全程贯穿完整的智能家居项目。一套应用案例，全方位对接行企人才技能需求

电气控制与PLC应用技术 第2版

书号： ISBN 978-7-111-47527-9
定价： 36.00 元　　**作者：** 吴丽
推荐简言：

　　实用性强，采用大量工程实例，体现工学结合。适用专业多，用量比较大。省级精品课程配套教材，精美的电子课件，图片清晰、画面美观、动画形象